Leitfäden und Monographien der Informatik

Brauer: **Automatentheorie**
493 Seiten. Geb. DM 58,–

Becker: **Prüfen und Testen von Schaltkreisen**
In Vorbereitung

Dal Cin: **Grundlagen der systemnahen Programmierung**
221 Seiten. Kart. DM 34,–

Ehrich/Gogolla/Lipeck: **Algebraische Spezifikation abstrakter Datentypen**
In Vorbereitung

Engeler/Läuchli: **Berechnungstheorie für Informatiker**
120 Seiten. Kart. DM 24,–

Hentschke: **Grundzüge der Digitaltechnik**
247 Seiten. Kart. DM 36,–

Loeckx/Mehlhorn/Wilhelm: **Grundlagen der Programmiersprachen**
448 Seiten. Kart. DM 44,–

Mehlhorn: **Datenstrukturen und effiziente Algorithmen**
Band 1: Sortieren und Suchen
2. Aufl. 317 Seiten. Geb. DM 48,–
Band 2: Graphenalgorithmen und NP-Vollständigkeit
In Vorbereitung

Messerschmidt: **Linguistische Datenverarbeitung mit Comskee**
207 Seiten. Kart. DM 36,–

Niemann/Bunke: **Künstliche Intelligenz in Bild- und Sprachanalyse**
256 Seiten. Kart. DM 38,–

Pflug: **Stochastische Modelle in der Informatik**
272 Seiten. Kart. DM 38,–

Post: **Entwurf und Technologie hochintegrierter Schaltungen**
247 Seiten. Kart. DM 38,–

Rammig: **Systematischer Entwurf digitaler Systeme**
353 Seiten. Kart. DM 46,–

Richter: **Betriebssysteme**
2. Aufl. 303 Seiten. Kart. DM 38,–

Richter: **Prinzipien der Künstlichen Intelligenz**
359 Seiten. Kart. DM 46,–

Wirth: **Algorithmen und Datenstrukturen**
Pascal-Version
3. Aufl. 320 Seiten. Kart. DM 39,–

Wirth: **Algorithmen und Datenstrukturen mit Modula - 2**
4. Aufl. 299 Seiten. Kart. DM 39,–

Wojtkowiak: **Test und Testbarkeit digitaler Schaltungen**
226 Seiten. Kart. DM 36,–

Preisänderungen vorbehalten

 Springer Fachmedien Wiesbaden GmbH

Leitfäden der angewandten Informatik

M. A. Curth/M. L. Giebel
Management der Software-Wartung

Leitfäden der angewandten Informatik

Unter beratender Mitwirkung von

Prof Dr. Hans-Jürgen Appelrath, Oldenburg
Dr. Hans-Werner Hein, St. Augustin
Prof. Dr. Rolf Pfeifer, Zürich
Dr. Johannes Retti, Wien
Prof. Dr. Michael M. Richter, Kaiserslautern

Herausgegeben von

Prof. Dr. Lutz Richter, Zürich
Prof. Dr. Wolffried Stucky, Karlsruhe

Die Bände dieser Reihe sind allen Methoden und Ergebnissen der Informatik gewidmet, die für die praktische Anwendung von Bedeutung sind. Besonderer Wert wird dabei auf die Darstellung dieser Methoden und Ergebnisse in einer allgemein verständlichen, dennoch exakten und präzisen Form gelegt. Die Reihe soll einerseits dem Fachmann eines anderen Gebietes, der sich mit Problemen der Datenverarbeitung beschäftigen muß, selbst aber keine Fachinformatik-Ausbildung besitzt, das für seine Praxis relevante Informatikwissen vermitteln; andererseits soll dem Informatiker, der auf einem dieser Anwendungsgebiete tätig werden will, ein Überblick über die Anwendungen der Informatikmethoden in diesem Gebiet gegeben werden. Für Praktiker, wie Programmierer, Systemanalytiker, Organisatoren und andere, stellen die Bände Hilfsmittel zur Lösung von Problemen der täglichen Praxis bereit; darüber hinaus sind die Veröffentlichungen zur Weiterbildung gedacht.

Management der Software-Wartung

Von Dr. rer. pol. Michael A. Curth, Düsseldorf
und Dipl.-Inform. Martin L. Giebel, Essen

**Springer Fachmedien
Wiesbaden GmbH 1989**

Dr. rer. pol. Michael A. Curth

Geboren 1959 in Essen. Von 1978 bis 1982 Studium der Betriebswirtschaftslehre, danach Assistent im Fachgebiet Betriebsinformatik bei Prof. Dr. Seibt, Essen. 1987 Promotion und seitdem bei Metro International AG als Hauptabteilungsleiter im internationalen Ressort Organisation und Datenverarbeitung tätig.

Dipl.-Inform. Martin L. Giebel

Geboren 1956 in Dortmund. Von 1978 bis 1984 Studium der Informatik und Betriebswirtschaftslehre in Dortmund. Von 1985 bis 1986 wiss. Mitarbeiter des BIFOA an der Universität Köln. Zur Zeit tätig als Quality und Program Manager im Bereich CIM-Anwendungsentwicklung in der internationalen Gruppe Bull.

CIP-Titelaufnahme der Deutschen Bibliothek

Curth, Michael A.:
Management der Software-Wartung / von Michael A. Curth u.
Martin L. Giebel. – Stuttgart : Teubner, 1989
  (Leitfäden der angewandten Informatik)
   ISBN 978-3-519-02492-7   ISBN 978-3-322-92750-7 (eBook)
   DOI 10.1007/978-3-322-92750-7
NE: Giebel, Martin L.:

Umschlaggestaltung: M. Koch, Reutlingen

V O R W O R T

In diesem Buch wird ein ganzheitliches Vorgehensmodell vorgestellt, das dem bislang stark vernachlässigten Bereich der Wartung von Anwendungssoftware Rechnung trägt. Analog zu Ansätzen im Bereich der Entwicklung von Anwendungssoftware ("SW-Engineering", "CASE") ist auch für die Wartung von Anwendungssoftware ein planvolles ingenieurmäßiges Vorgehen zwingend notwendig. Dieses Buch behandelt daher einen ersten Ansatz des "Maintenance Engineering" und will praktische Hinweise zur Lösung der bestehenden Wartungsprobleme geben.

Das vorliegende Werk ist als Grundlage zur Einarbeitung in die Maintenance Engineering-Materie sowohl für Studenten der Informatik und Betriebs- bzw. Wirtschaftsinformatik als auch für die Vielzahl der Mitarbeiter in der betrieblichen Datenverarbeitung konzipiert, die sich mit der Planung, Entwicklung oder Wartung von Anwendungssoftware beschäftigen.

Unser herzlicher Dank gilt allen, die uns durch Anregungen und Stellungnahmen zu dem hier behandelten Thema geholfen haben. Das gilt insbesondere für die ständige Diskussionsbereitschaft von Herrn Dr. Georg Kemper und Herrn Heinz Wyss. Nicht zuletzt gilt unser Dank Herrn Dr. Peter Spuhler für die bereitwillige Unterstützung in redaktionellen und anderen Fragen.

Michael A. Curth   Düsseldorf, Essen

Martin L. Giebel   Januar 1989

A B K Ü R Z U N G S V E R Z E I C H N I S

ACM	Association for Computing Machinery
ASW	Anwendungssoftware
CASE	Computer Aided Software Engineering
DBA	Datenbank-Administration
DD	Data Dictionary-Administration
DV	Datenverarbeitung
EDV	Elektronische Datenverarbeitung
EE	Entwicklung Beschaffung
EP	Entwicklung Produktion
EV	Entwicklung Administration
HW	Hardware
IC	Information Center
IE	Information Engineering
IEEE	Institute of Electrical and Electronical Engineers
LOC	Lines of Code
ORG	Organisation
PC	Personal Computer
QS	Qualitätssicherung
RZ	Rechenzentrum
SSW	Systemsoftware
SW	Software

1. Einführung

Vergleicht man die Erstellung, Nutzung und Wartung einer Maschine mit denselben Aktivitäten für Software, so bestehen in vielen Punkten Gemeinsamkeiten und in einigen Punkten Unterschiede. So dürfen im Gegensatz zur Maschinenwartung bei der SW-Wartung i.d.R. keine Ausfallzeiten entstehen. Während Wartung im industriellen Bereich eine Erhaltung des Leistungsvermögens von Maschinen bedeutet, kann SW-Wartung unterschiedliche Motive haben (vgl. hierzu Abschn. 3.2).

Die Publikationen, die sich mit methodischen, organisatorischen und technischen Aspekten der Software befassen, beschränken sich meistens auf den Entwicklungsbereich (vgl. Abschn. 3.2).

Untersucht man jedoch die während der Systemlebensdauer entstehenden Aufwendungen für Software-Entwicklung, -Nutzung und -Wartung, dann entfällt der geringste Teil dieses Aufwands auf die eigentliche Entwicklung (vgl. Abschn. 2.3). Der größte Teil des Aufwandes bei einem Software-System entsteht nach dessen Einführung.

In diesem Werk werden folgende, dem Aspekt des eigentlichen Aufwandschwergewichts entsprechenden Themen problematisiert und Lösungsansätze für ein Management der SW-Wartung aufgezeigt:

<u>Abschnitt 2.1</u>

Wie wird heute Software entwickelt?

<u>Abschnitt 2.2</u>

Wie effizient ist eine standardisierte Systementwicklung?

<u>Abschnitte 2.3 - 2.5</u>

Welche Probleme resultieren aus der heutigen Entwicklungssituation?

<u>Kapitel 3</u>

Welche Konsequenzen haben die aufgezeigten Probleme für die Wartung?

<u>Kapitel 4</u>

Mit welcher organisatorischen Infrastruktur sollte sinnvoll Wartung betrieben werden?

<u>Kapitel 5</u>

Wie sollte Wartung methodisch und werkzeugtechnisch vorgenommen werden und welche Konsequenzen ergeben sich für ein Wartungsmodell?

<u>Kapitel 6</u>

Wie kann die Einhaltung / Nutzung des Wartungskonzepts (organisatorisch, methodisch und toolunterstützt) gesichert bzw. überwacht werden?

2. Das Lebenszyklus-Modell

Dieses Kapitel ist dem Modell des Systemlebenszyklus' gewidmet, das hier über die gesamten Ausführungen und Betrachtungen zur Software-Entwicklung und -Wartung gespannt wird.

In einem ersten Abschnitt wird dabei die heutige Realität der Systementwicklung und ihre starke Abhängigkeit zur Wartung von SW-Systemen beleuchtet. Nicht in Frage gestellt, wohl aber in ihrer praktischen Umsetzung von vielen kritisiert, wird die methodische Standardisierung der Systementwicklung, welche in Abschnitt 2.2 besprochen wird. Die beiden wesentlichen Lücken heutiger SW-Arbeit und im Wirkungskreis von SW-Entwicklung und -Wartung, nämlich einerseits die vernachlässigte Betriebs- und Wartungsphase eines Systems sowie andererseits die Qualitätssicherung von Ergebnissen und Prozessen, bilden den Gegenstand der anschließenden Abschnitte 2.3 bzw. 2.4. Schließlich stellt der letzte Abschnitt dieses zweiten Kapitels das klassische Lebenszyklus-Modell dem Modell gegenüber, das sich unter Berücksichtigung der in diesem Buch aufgezeigten Wartungsaspekte ergibt.

2.1 Die heutige Realität der Systementwicklung

Überall dort, wo Maschinen eingesetzt werden, wird auch eine entsprechende Wartung als notwendig angesehen. Ziel dieser Wartungsaktivitäten ist vorrangig die Erhaltung der Produktionsfähigkeit.

Dieses dem industriellen Bereich entlehnte Wartungsziel kann auch auf ein Softwareprodukt übertragen werden. Man erkennt jedoch sehr schnell, daß neben diesem Ziel die Software-Wartung noch ganz anderen Ansprüchen genügen muß.

Finden sich noch Parallelitäten in der Bedarfsanalyse, dem Entwurf, der Herstellung und der Nutzung einer Maschine im Vergleich zur Software, so kann eine Wartung der Software nicht nur Erhalt der Funktionsfähigkeit bedeuten. Software "lebt", d.h. Software ist kein statisches Produkt wie eine Maschine. Insofern nimmt SW-Wartung sehr unterschiedliche Ausprägungen an. Desweiteren ist Software i.d.R. ein Abbild betrieblicher Realitäten. Ändert sich in einem betrieblichen Umfeld ein Faktor, so muß die abbildende Software entsprechend angepaßt werden. Es können neue Funktionen hinzukommen, bestehende entfallen, Abläufe geändert oder neu zugeordnet werden.

Im Gegensatz zur Wartung einer Maschine kann im Rahmen einer Software-Wartung das Endprodukt geändert werden, so daß hier der Begriff Wartung eine ganz neue Dimension gewinnt, und zwar die der Produktmodifikation, Weiterentwicklung und Funktionserweiterung (vgl. auch Abschn. 3.2). Während bei der Maschinenwartung auch präventive Wartungsaktivitäten bekannt sind, also eine "zyklisch vorausschauende" Wartung, ist dieser Ansatz bezogen auf Software umstritten und aufgrund der derzeitigen Ressourcenknappheit für Wartung und Entwicklung in der Praxis unrealistisch und kaum vorzufinden.

Ein weiterer gravierender Unterschied zwischen Maschinen- und Software-Wartung besteht darin, daß ein Softwareprodukt während seiner Wartung weiterverwendet werden kann. Durch einfaches

Kopieren des zu wartenden Programms kann parallel das System weiterarbeiten und gleichzeitig können die Wartungsarbeiten durchgeführt werden. Sind diese Arbeiten abgeschlossen und durch entsprechende Tests verifiziert, so daß ein sicherer Betrieb des gewarteten Moduls gewährleistet ist, kann wieder eine Übernahme in das Gesamtsoftwarepaket erfolgen und das ursprüngliche Modul substituiert werden.

Die heutige Situation der Software-Wartung als eine Aktivität bzw. "profession" ist in weiten Zügen abhängig von der Qualität des zu wartenden Codes. Dieser ist in aller Regel alt, unstrukturiert, sehr umfangreich, verflochten (Festverdrahtung von Daten und Programmen), fehlerhaft und von mehreren Programmierern bearbeitet worden. Da große unstrukturierte Programme so schwer zu verstehen sind, hat jeder neue Programmierer, der mit der Wartung einer alten Anwendung beauftragt wird, eine flache Lernkurve. Eine weitere Ironie der Situation ist dadurch gegeben, daß jüngere Programmierer, die ihre DV-Ausbildung beendet haben, zunächst alte unstrukturierte Programme warten müssen, obwohl sie gelernt haben, daß nur strukturierte Programmierung ein richtiger Weg sein kann (vgl. BUSH, E.: "restructuring", 1985, S. 40).

Der heutige Anwendungsstau resultiert weitgehend aus der derzeitigen Wartungsmisere. Waren es 1972 rund 50 % aller Programmieraktivitäten, die für die Wartung betrieblicher DV-Anwendungen verbraucht wurden (vgl. CANNING, R.: "Maintenance", 1972), so sind heute beinahe 70% aller Entwicklerressourcen in der Wartung gebunden. Die Wartung wird also wesentlich teurer als die eigentliche Neuentwicklung und die Entwicklerkapazitäten können (langfristig betrachtet) nur erhöht werden, wenn sie in der Wartung freigesetzt werden, da das Entwicklerpotential nach wie vor begrenzt sein wird.

Durch Zeitkonflikte in der Wartung können daher Neuentwicklungen nur langsam voranschreiten. Hierdurch ergeben sich Verschiebungen der Fertigstellungstermine auch für Neuprodukte, die sogar dazu führen können, daß der Auftraggeber die zu spät erstellte Software nicht mehr abnimmt oder eine hohe Akzeptanzschwelle gegen dieses Produkt aufbaut.

Eine immer wieder beobachtete Reaktion der Entwickler, die für Wartungsarbeiten eingesetzt werden, ist die fehlende Motivation. Der Mitarbeiter sieht in der Wartung rein reproduktive Aktivitäten, die seine eigene Kreativität einschränken. Diese Arbeitsfrustration wird noch dadurch verstärkt, daß die Wartung meist "fremde" Programme betrifft, zu denen er keinen Bezug hat.

Ein weiterer wesentlicher Faktor ist der Termindruck, der über der gesamten Wartung steht. Unter diesem Druck werden die Wartungsarbeiten unvollständig dokumentiert und gelöst, so daß ein Programm mit jeder Wartung unübersichtlicher und letztlich so "chaotisch" wird, daß eine weitere Verwendung nicht mehr verantwortet werden kann. Gerade bei sogenannter "kritischer" Software, die zur Kontrolle oder Steuerung technischer Systeme eingesetzt wird, ist eine Verwendung in einem derartigen Zustand ausgeschlossen.

Veränderte Einsatzbedingungen können dazu führen, daß ein erster Wartungsschritt eine Analyse sein muß, deren Ergebnisse darüber entscheiden müssen, ob eine Änderung des bestehenden Systems überhaupt sinnvoll ist oder eine Neurealisierung anzuraten ist. Diese Problematik kann leider auch sofort nach einer Neuimplementierung eintreten, wenn sich herausstellt, daß "am Benutzer vorbei" entwickelt worden ist. Zu solchen Fehlentwicklungen kommt es häufig, wenn die Analysephase übergangen worden ist oder nur unzureichend durchgeführt wurde aufgrund des vermeintlich vorhandenen Wissens, wie das neue System aussehen sollte.

Sprachliche Barrieren, unzureichende Methodenkenntnisse oder ein nichtplanmäßiges Vorgehen sind die Hauptursachen für diese Fehlentwicklungen.

Obwohl bereits vor über 10 Jahren gute und praktikable Methoden zur Verfügung standen, ist ihr Einatz in der heutigen DV-Realität noch sehr selten. Anstatt eine methodische Vorgehensweise auszuwählen, mit der eine Produktivitätssteigerung wahrscheinlich ist, finden immer noch heftige "Glaubenskriege" zwischen Anhängern von z.B. daten- und funktionsorientierten Vorgehensweisen statt, die eine Einführung von Methoden damit nur hinauszögert. Generell kann jedoch gesagt werden, daß der Einsatz einer nicht hundertprozentig ausgereiften Methode immer noch besser ist als ein Vorgehen ohne jegliche Methodik.

2.2 Zur Frage der Effizienz einer methodischen Standardisierung der Systementwicklung

Software-Entwicklung und -Wartung müssen in einem fest vorgegebenen organisatorischen Rahmen durchgeführt werden, wenn ein effizienter, professioneller Einsatz der Systeme gewährleistet werden soll. Insofern ist eine erste Antwort auf die in der Überschrift enthaltene Frage gegeben. Eine mit "Software Engineering" umschriebene methodische Standardisierung der Systementwicklung muß betrieben werden und hat sich auch in den meisten Fällen bewährt. Die Effizienz einer solchen Vorgehensweise ist allerdings von der konkreten organisatorischen Umsetzung abhängig.

Unter Software-Engineering versteht man die Anwendung von Prinzipien, Fähigkeiten und Kunstfertigkeiten auf den Entwurf und die Erstellung von Programmmen und Systemen von Programmen (vgl. KIMM, R. u.a.: "Software Engineering", 1979, S. 15). Daraus leiten sich die nachstehend genannten Mindestanforderungen ab :

Projektmanagement

Abgrenzungen von Verantwortungsbereichen und Festlegung eines Berichtwesens durch ein spezielles Projektmanagement

Vorgehensmodell

Strukturierung des Entwicklungsablaufs durch ein sinnvolles Vorgehensmodell (Phasenmodell)

Unterschiedliche Produktsichten

Berücksichtigung unterschiedlicher Betrachtungsebenen (Produktsichten) durch den Fachbereich, den Benutzer und den DV-Spezialisten

Dokumentation und Integration

Exakte Spezifikation und Dokumentation der Teilsysteme sowie deren Integration zu einem Gesamtsystem

Standards und Richtlinien

Festlegung der zu verwendenden Standards, Richtlinien, Methoden und Software-Werkzeuge

Qualitätssicherung

Umfassende Qualitätssicherung ausgehend von der Entwicklung bis hin zum Endprodukt

Abb. 2-1 verdeutlicht die o.a. Zusammenhänge in Form eines Beziehungsgefüges für ein Großprojekt.

Die heute gegebenen Möglichkeiten im Hardware- und Toolsektor zwingen zu sorgfältigen Überlegungen, wie ein Software-Engineering-System aufzubauen ist, das umfassend, vielseitig, flexibel, integriert und rechnergestützt ist.

In der Fachliteratur existieren zahlreiche theoretische Ansätze einer methodischen Systementwicklung. Allen gemeinsam sind folgende beiden Punkte (vgl. BOEHM, B.W.: "Development", 1988, S. 61ff.):

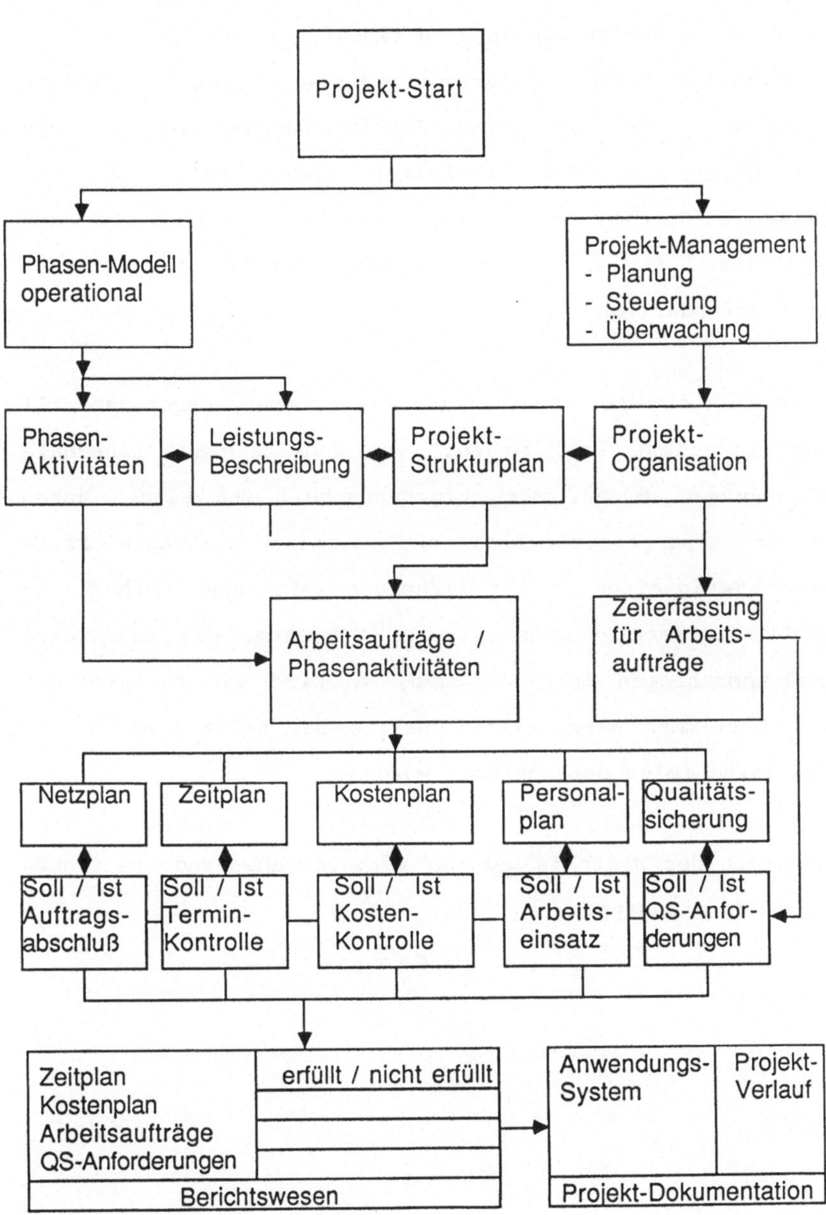

Abb. 2-1: Beziehungsgefüge zum Software Engineering in einem Groß-

projekt

(1)   Einteilung der Entwicklung in einzelne Abschnitte

(2)   Definition   der   Zwischenergebnisse   (sog.   Projekt-
"Meilensteine"), die von einem Entwicklungsabschnitt in den
nächsten überleiten. Das beinhaltet sowohl Definition der
Ergebnisse, die einen Entwicklungsabschnitt beenden, als auch
der Ergebnisse, die als Minimalvoraussetzung für den nächsten
Abschnitt erforderlich sind

Stellt man sich die Frage, inwieweit ein Vorgehensmodell
überhaupt effizient ist, so soll zunächst folgende pauschale
Antwort gegeben werden. Ein Vorgehensmodell ist allein schon
deshalb zwingend erforderlich, da es alle zur Entwicklung
gehörenden Tätigkeiten in der richtigen zeitlichen Reihenfolge
beschreibt. Betrachtet man aktuelle Projekte, die mit Zeit-
oder Kostenproblemen behaftet sind, so wird man feststellen,
daß hier bestimmte Entwicklungsschritte gar nicht oder in der
falschen Reihenfolge durchgeführt wurden.

Ausgehend von der Historie der Software-Vorgehensmodelle finden
sich folgende Grundtypen:

- code-and-fix model

- stagewise model

- waterfall model

- evolutionary development model

- transform model

- spiral model

Code-and-fix model

Das Code-and-fix-Modell beinhaltet im wesentlichen zwei Phasen:

(1) man schreibt den Programmcode

(2) man löst die Probleme im Code

Bevor man also Entwurf, Anforderungen an Ressourcen, Test und Wartung berücksichtigte, wurde programmiert, was zu erheblichen Problemen führte:

- schlecht strukturierter Code

- teure und häufige Änderungen

Stagewise model

Das Stagewise-Modell berücksichtigte derartige Probleme und regte an, Software sukzessive in verschiedenen Stufen zu entwickeln (z.B. Operationsplan, Operationsanforderungen, Programmspezifikation, Codierung, Test, etc.)

Waterfall model

Das Waterfall-Modell ist eine Verfeinerung des Stagewise-Modells mit folgenden wichtigen Unterschieden.

Erstens wurden vorher verbotene Feedback-Schleifen zwischen den einzelnen Phasen zugelassen.

Zweitens wurde zum ersten Mal der Ansatz des "Prototyping" mit einer Stufe "build it twice" formuliert als eine Parallelentwicklung während der Phasen Anforderungsanalyse und Design mit dem Ergebnis eines ersten Prototypen des späteren Systems.

Evolutionary development model

Eine Alternative zu den traditionellen Phasenmodellen bildet das Modell der evolutionären Systementwicklung (vgl. auch BUDDE, R.: "Systementwicklung", 1987, S. 325 oder CURTH, M.A.; WYSS, H.B.: "Information Engineering", 1988, S. 89).

Bei einem evolutionären Entwicklungsmodell wird die strenge Sequentialisierung der Phasen aufgehoben und eine enge Kommunikation zwischen Entwicklern und Anwendern favorisiert. Idealerweise kommt dieses Modell unter Benutzung von Endbenutzersprachen bei den Anwendern zum Einsatz, die bei der Systementwicklung nach dem Motto mitwirken:

"Ich kann nicht sagen, was ich will, aber ich weiß es, wenn ich es sehe."

Die wesentlichen Prinzipien eines solchen Phasenmodells sind:

(1) Aufhebung der Trennung zwischen Entwurf und Realisierung

(2) Schrittweise Entwicklung des Gesamtsystems

(3) Häufiges Feedback zwischen Anwender und Entwickler

(4) Ablauffähige Systemmodelle (Prototypen) als Bewertungsbasis

Transform model

Das Transform-Modell macht von der Möglichkeit einer automatischen Umsetzung des Entwicklungsdesigns in Programme bzw. Systeme Gebrauch, die den Anforderungen aus dem Entwurfsdesign entsprechen. Diese Möglichkeit der "Codierung auf Knopfdruck" ist heute allerdings erst in wenigen Bereichen gegeben (z.B. Tabellenkalkulation), wobei diese Vorgehensweise bei der Systementwicklung vergleichbar ist mit derjenigen des zuvor besprochenen Phasenmodells, so daß das Transform-Modell als spezielle Sonderform der evolutionären Systementwicklung angesehen werden kann.

Spiral model

Das Spiral-Modell ist ein umfassendes Modell der Software-Entwicklung. Es kann i.d.R. die zuvor beschriebenen Phasenmodelle als Sonderfälle berücksichtigen, wobei es ihre jweiligen Vorteile vereinigen will. Dem Modell liegt das Konzept zugrunde, daß jede Phasenrunde einen Fortschritt beinhaltet, der durch die gleiche Sequenz von Tätigkeiten erreicht wird, von einem allgemeinen Konzept in Form eines Arbeitspapiers angefangen bis hin zum Code der einzelnen Programme (vgl. Abb. 2-2).

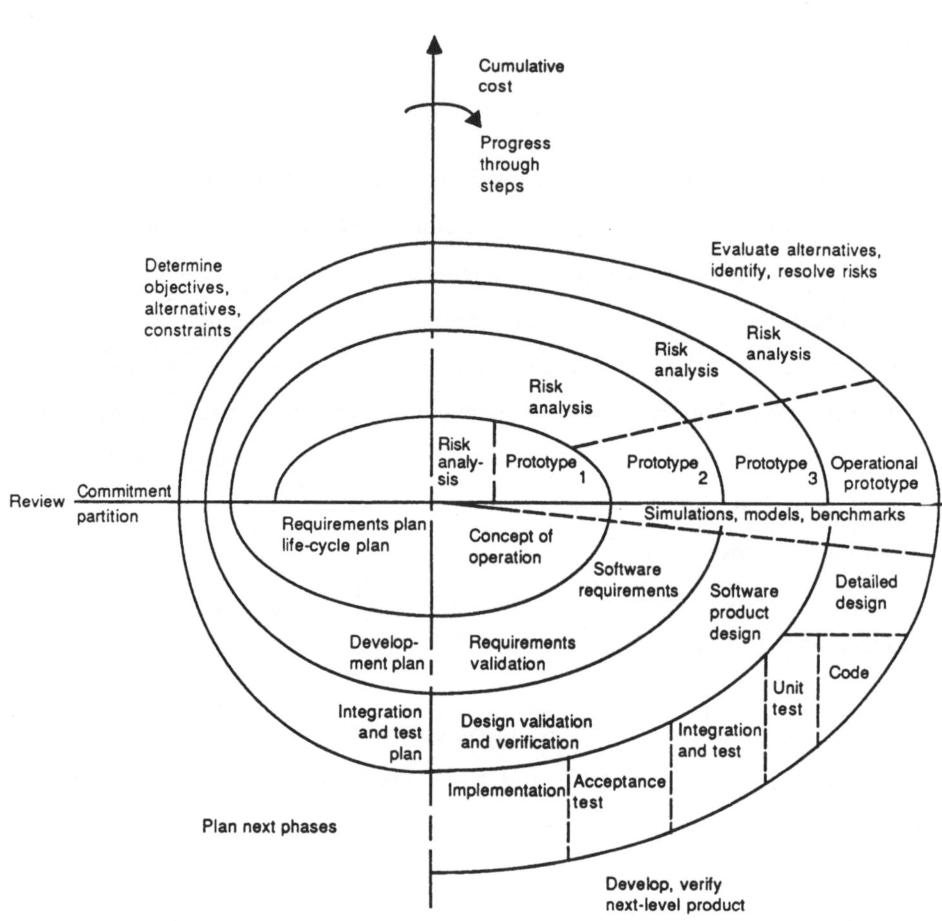

Abb. 2-2: Spiral-Modell des Softwareentwicklungsprozesses

Abgesehen von diesen Grundtypen der Phasenmodelle existieren zu jedem Typ unterschiedliche Ausprägungen. Es besteht weder Einigkeit über Anzahl und Bezeichnung der Phasen noch über

Inhalte und Reichweite der Phasen (vgl. Abb. 2-3, entnommen aus SEIBT, D.: Phasenkonzept, 1987, S. 253).

Endres	Denert/Hesse	Boehm	Balzert	End, Gotthardt Winkelmann
Definition	Analyse	-	Planung	Projekt-vorschlag
		System-Requirements	Definition	Planung I
	Definition	Software-Requirements		Planung II
Entwurf	System-Entwurf	Product Design	Entwurf	
	Komponenten-Entwurf	Detailed Design		
Implementierung	Modul-Implementierung	Code & Unit test	Implementierung	Realisierung I
Testen	Subsystem-Integration	Integration & Test		
	System-Integration			
Installation	Installation		Abnahme & Einführung	Realisierung II
Betrieb & Wartung	Betrieb & Wartung	Operations & Maintenance	Pflege & Wartung	Einsatz

Abb. 2-3: Auswahl unterschiedlicher Phasenmodelle

Die Frage nach der praktischen Einsetzbarkeit dieser Modelle ist nur sehr schwer zu beantworten, da eine Überprüfung des Einsatzes nur aufwendig empirisch durchführbar ist.

Nicht jedes Unternehmen, das sich rühmt ein Software-Vorgehensmodell zu benutzen, setzt dieses auch konsequent ein. Meist scheitert der Einsatz an den Mitarbeitern, die sich durch ein Phasenmodell plötzlich kontrolliert sehen oder von vornherein einen entsprechenden Ansatz als zu theoretisch betrachten und insofern den Einsatz eines solchen Modells gänzlich ablehnen.

Die Einführung eines solchen Modells in den praktischen DV-Alltag ist weitaus schwieriger als dessen Entwicklung. Eines der Hauptprobleme dabei ist das mangelnde Methodenverständnis der Mitarbeiter.

Ein Vorgehensmodell stützt seine Aktivitäten eben auf diese Methoden und macht damit Arbeitsergebnisse vergleichbar und bewertbar, so daß hier entsprechende Projektmeilensteine fixiert werden können.

Wichtig ist dabei nicht, ob eine Methode besser ist als eine vergleichbare, sondern vielmehr das gedankliche Durchdringen der Methode und ihr konsequenter Einsatz. Hierdurch entwickeln sich Standards, die es Anfängern erleichtern, in die Entwicklung einzutreten und es Experten erleichtern, die vor längerer Zeit erstellten Programme zu warten.

Da sich der Mensch grundsätzlich ungern mit **neuen** Arbeitsmethoden befaßt, kann der Einsatz eines Phasenmodells nur unter entsprechender Management-Befürwortung stattfinden.

Erstaunliches Resultat eines solchen Vorgehens ist meistens ein begeistertes Zustimmen der Mitarbeiter, nachdem alle Methoden und Verfahren verinnerlicht wurden und man merkt, wieviel unnötige Arbeit man sich durch ihren Einsatz spart.

Ein Hauptproblem der Software-Entwicklung liegt somit auch in der organisatorischen Umsetzung des Modells.

Zusätzlich zeigen die heutigen Vorgehensmodelle auch Schwächen auf folgenden Gebieten:

auf der methodischen Seite:

- Qualitätssicherung
- Projektmanagement

auf der organisatorischen Seite:

- fehlende Verbindlichkeit für alle Entwickler
- schwache Aufgaben- und Verantwortlichkeitsregelung
- nicht angepaßte Mitarbeiterschulung

2.3 Die vernachlässigte Nutzungs- und Wartungsproblematik eines Systems

Im Rahmen der Nutzungs-/Betriebsphasen eines Systems entstehen Anforderungen, über deren planvolle Behandlung entweder gar keine oder keine brauchbaren bzw. praktikablen Konzepte entwickelt wurden. Dies ist erschreckend, wenn man sich die Aufwandverteilung eines Systems über seine gesamte Lebensdauer vergegenwärtigt (vgl. hierzu Abschnitt 3.3), die man grob mit 2/3 zu 1/3 (Wartung im Verhältnis zur Entwicklung) schätzen kann. Abb. 2-3 (vgl. Abschnitt 2.2) gab einen Überblick über unterschiedliche Phasenmodelle, aus denen sich folgende Erkenntnisse ableiten lassen:

● während die Entwicklungsphase von Software relativ stark differenziert wird, geschieht dies für entsprechende Wartungs-/Nutzungsphasen nicht

● die Phase Betrieb/Wartung von Softwaresystemen als _eine_ einzige Phase schließt die Phasenmodelle in der Regel zeitlich ab, obwohl nachweislich der größere Anteil des Aufwands für ein System erst nach seiner Einführung entsteht (vgl. auch SEIBT, D.: "Phasenkonzept", 1987, S. 254f.)

● die Verantwortung und Zuständigkeit der Systementwickler reicht nur bis zur Fertigstellung der Systeme, so daß die Kriterien der SW-Qualität (vgl. Abschnitt 6.2), die für eine gute Wartbarkeit unabdingbar sind, vernachlässigt werden, weil die Entwickler funktionale Ziele erfüllen und Termine einhalten wollen

Wartung scheint also ein "ungeliebtes Stiefkind" der SW-Entwickler, Projektleiter und sonstigen DV-Mitarbeiter zu sein, obwohl eine bessere Wartbarkeit eine zentrale Zielsetzung aller neueren methodischen und werkzeugtechnischen Ansätze (CASE, Information Engineering, SW-Engineering, etc.) sein soll, ja sogar als der eigentliche "Benefit" dieser Entwicklungen angesehen wird. Sehr verbreitet ist wohl die Ansicht, daß Wartung nur deshalb so problematisch ist, weil die Entwicklung nicht professionell genug erfolgt ist (z.B. fehlendes Prototyping, unzureichende Einbindung des Top-Managements und der Endbenutzer, etc.). Diese Einstellung ist zwar teilweise berechtigt, gleichwohl gibt es aber auch "natürliche" Gründe für das Bestehen von Wartungsanforderungen (vgl. Abschnitte 3.1 und 3.2). Ein für Mehrfachanwendungen entwickeltes System ist eben niemals "fertig", sondern unterliegt natürlichen Änderungen der Ziele, Vorstellungen und Rahmenbedingungen.

Verfolgt man die Diskussion in Praxis und Wissenschaft zum Thema Wartung, so findet man bei einer Suche nach Gründen für deren Vernachlässigung folgende Argumente:

- Werkzeuge für Wartung sind nicht oder noch nicht verfügbar
- Wartung ist immer zeitkritisch
- Aufgaben in Zusammenhang mit der Wartung sind wenig kreativ und attraktiv
- Planbarkeit der Wartung ist schwierig
- eine Profilierung durch Wartungsaktivitäten ist unmöglich
- Wartungsmethodik existiert im Gegensatz zur Entwicklungsmethodik nicht
- der durch eine fehlerhafte Wartungsmaßnahme verursachte Schaden durch Systemausfall kann ungleich größer sein als der Nutzen bei einer "erfolgreichen" Wartung
- DV-Budgets werden nicht an den Life-Cycle-Kosten eines Systems ausgerichtet, sondern beschränken sich hauptsächlich auf die Kosten der Entwicklung
- die Produktivität in der Wartung ist signifikant niedriger als die Produktivität während der Entwicklung
- Software wird durch Wartung immer schlechter

Gerade weil einige dieser Argumente durchaus zutreffend und verständlich sind, wird hier die Ansicht vertreten, daß Wartung planbar ist und ein ebenso professionelles Management benötigt wie die Entwicklung. Es soll hier deshalb ein praktikabler Ansatz für ein Management der SW-Wartung präsentiert werden, der entsprechende personelle, organisatorische, methodische, technische und wirtschaftliche Belange berücksichtigt.

2.4 Probleme der Qualitätssicherung

Geht man von der Planbarkeit und Managebarkeit der SW-Entwicklung und -Wartung aus, so ist die Qualitätssicherung der Entwicklungs- und Wartungsergebnisse von entscheidender Bedeutung, unabhängig davon, ob diese manuell oder maschinell erfolgt.
In einem ersten Ansatz soll daher Qualitätssicherung wie folgt definiert werden:

Qualitätssicherung ist die Zusammenführung von geplanten und systematisch durchgeführten Tätigkeiten, die der Prüfung vorgegebener Qualitätsanforderungen eines Produktes dienen.

Beispiele sind die regelmäßige Überprüfung des funktionalen Systemumfangs und der Abdeckung der Systemanforderungen, der Schnittstellen, Systemgrenzen und -abhängigkeiten, der Portabilität und der Einhaltung von Normen und Standards. In den meisten deutschen Unternehmen fehlt jedoch eine solche gezielte Qualitätssicherung, die als letzte Stufe aller DV-seitigen Maßnahmen angesehen werden kann:

Planung	Durchführung	Qualitätssicherung
Stufe 1	Stufe 2	Stufe 3

Diese Maßnahmen erstrecken sich auf sämtliche Stadien eines System-Life-Cycle, auf die Entwicklung, die Wartung und die Nutzung des Systems. Die in diesem Werk relevanten wartungseitigen Aspekte der Qualitätssicherung werden später eingehender behandelt (vgl.

Kapitel 6 sowie die Abschnitte 5.3.2 und 5.3.3). Hier sollen zunächst die bestehenden Probleme aufgezeigt werden, auf welche die mangelnde Umsetzung der Qualitätssicherung in der Praxis zurückgeführt werden kann.

Das erste Problem ergibt sich aus dem Begriff selbst. Qualitätssicherung funktioniert nur bei vordefinierten Kriterien für SW-Qualität. Diese Kriterien sind in Abhängigkeit von der jeweiligen Sicht auf das SW-Produkt unterschiedlich. So hat ein Systemanwender sicherlich eine andere Sicht auf die SW-Qualität als ein guter Programmierer. Der Anwender bezieht Qualität z.B. auf Fehlerfreiheit, Art der Helpfunktionen, Fehlermeldungen und Bedienerhandbücher, während den Programmierer eher die Strukturierung und Modularität der Programme, Schnelligkeit der Datenzugriffsmechanismen oder Einhaltung der dritten Normalform interessieren mag. Qualitätssicherung erfordert daher eine unternehmensindividuelle Festlegung von Kriterien für SW-Qualität, die im Rahmen von Entwicklung, Nutzung und Wartung zu überprüfen sind.

Nach der Fixierung dessen, was Qualität von Software und ihrer Entwicklung/Wartung ausmacht, ist die organisatorische Einbindung der Qualitätssicherung ein weiterer Problemkreis. Die aufbauorganisatorische Frage lautet, wer die Qualitätssicherung durchführt (z.B. die Unternehmensrevision oder die DV-Abteilung selbst) und wie sie hierarchisch zu etablieren ist, während ablauforganisatorisch die zeitlichen Abstände und das Prozedere der Qualitätssicherung interessant sind.

Hier zeigt sich immer mehr der Trend in Richtung eigene QS-Abteilung (vgl. Abb. 2-4), die gleichberechtigt neben den traditionellen Zweigen etabliert ist.

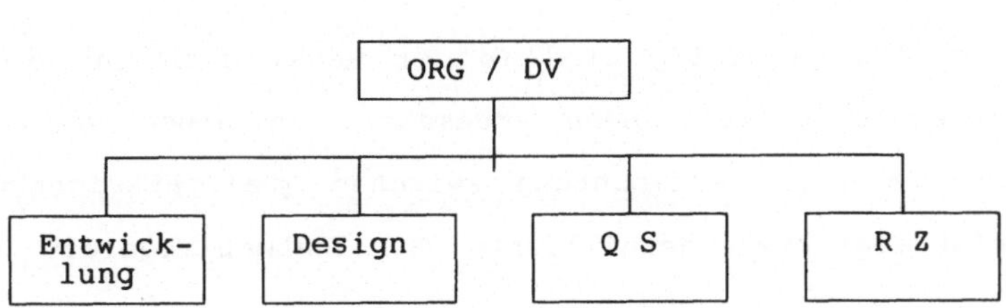

Abb. 2-4: Die Qualitätssicherung innerhalb des ORG/DV-Bereichs

Insbesondere bei einer Verankerung der Qualitätssicherung in die Revision sind auch die Qualitätserfordernisse der mit der QS-Durchführung betrauten Mitarbeiter zu beachten. Idealerweise sollte auch ein DV-Laie prüfen können, ob z.B. die Dokumentation mit den Programmen übereinstimmt. Nicht zuletzt werden endbenutzerfreundliche Tools zur Unterstützung der Qualitätssicherung benötigt.

Schließlich ist Qualitätssicherung sehr problematisch, wenn eine automatische integrierte Dokumentation fehlt.

Man sucht daher meist vergeblich nach folgenden, für die Qualitätssicherung unbedingt erforderlichen Basisunterlagen :

- Funktionale Programmbeschreibung

- Entwurfsunterlagen

- Datenbeschreibungen

- Datenflußpläne

- Programmablaufpläne

- Dialogablaufpläne

Die Ansätze des SW-Engineering sind in der Regel noch gar nicht oder nur sehr schlecht verstanden umgesetzt. In einem späteren Kapitel werden die enge Verflechtung zwischen Qualitätssicherung und Wartung aufgezeigt sowie detaillierte QS-Maßnahmen abgeleitet.

2.5 Konsequenzen für ein Lebenszyklus-Modell in der Praxis

Die Vorteile der Betrachtung und Verwaltung eines Systems über seinen gesamten Lebenszyklus, also beginnend bei Entwicklungsstart und endend bei seiner Ablösung oder Außerdienststellung, sind evident (SEIBT, D.: "Systemlebenszyklus", 1987, S. 326):

- "Die Berücksichtigung der gesamten Lebensdauer eines Systems entspricht der Betrachtungsweise, die bei Wirtschaftlichkeitsrechnungen angewendet wird. Investitionsrechnungen berücksichtigen beispielsweise nicht nur die Entwicklungs-, sondern auch die akkumulierten Betriebs- und Wartungskosten eines Systems."

- "Da es sich in der Praxis herausgestellt hat, daß im Betriebszeitraum von DV-Anwendungssystemen aufgrund der zu erwartenden umfangreichen Wartung erheblich höhere Kosten anfallen als im Entwicklungszeitraum, liefert das Konzept des Lebenszyklus den geeigneten Ansatz, um von vornherein organisatorische und methodische Maßnahmen abzugrenzen, durch die die Gesamtkosten des Systems wirksam gesenkt werden können."

- "Durch Anwendung des Lebenszykluskonzeptes entstehen positive Wirkungen für das Verantwortungsbewußtsein der Systementwickler. Sie gewinnen eine andere Einstellung zum System, wenn sie nicht nur nach den Ergebnissen am Ende der Entwicklung, sondern nach den Ergebnissen am Ende des Lebenszyklus gefragt werden. Beispielsweise sind die Systementwickler dann leichter für eine möglichst weitgegende Beteiligung der zukünftigen Benutzer an der Systementwicklung, d.h. dann auch an der Verantwortung für das zu entwickelnde und zu betreibende System zu gewinnen (...)."

Man verlängert also den Blickwinkel des SW-Engineering hinaus auf die gesamte Lebensdauer des Systems (vgl. Abb. 2-5).

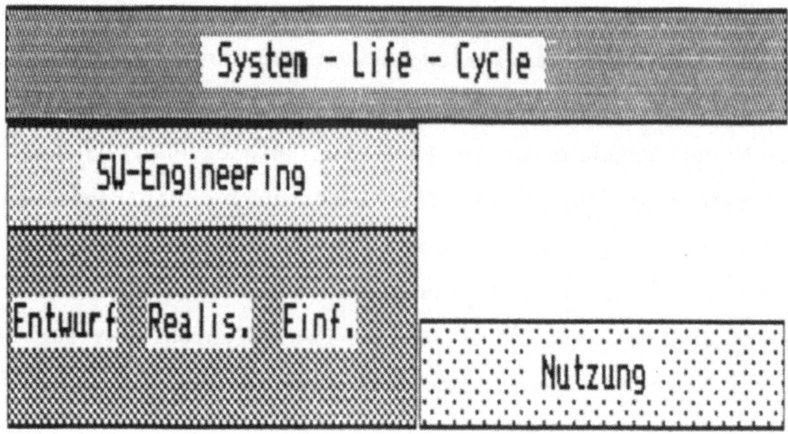

Abb. 2-5: Lebenszyklusbetrachtung

Nach der Systemeinführung werden Programme und Dokumentation in die Nutzungsphase übergeben. In diesem Buch werden insbesondere Ansätze für die in Abb. 2-5 fehlenden Blöcke Wartung und Maintenance Engineering aufgezeigt. Die in der Nutzungsphase entstehenden oder in der Entwicklungsphase zurückgestellten Anforderungen des Typs A, B, C oder D (z.B. Fehlerbehebung, Tuningmaßnahmen, Erweiterungen, Anpassungen; vgl. zur Typenbildung Abschnitt 3.2) sollen im Rahmen eines Maintenance Engineering-Ansatzes ebenso planvoll und systematisch gemanagt werden wie die Systementwicklung durch die SW-Engineering- oder CASE-Konzepte (Abb. 2-6 zeigt die entsprechend angepaßte Struktur).

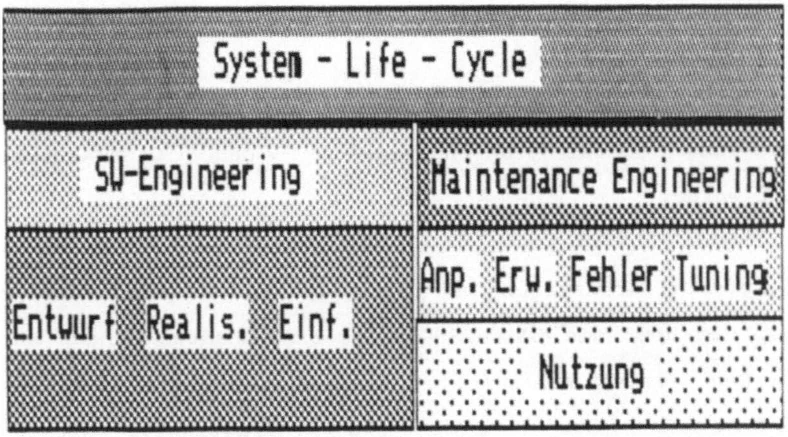

Abb. 2-6: Maintenance Engineering im Rahmen des System-Life-Cycle

Für die DV-Abteilungen ergeben sich in Abhängigkeit von ihrem Erkenntnis- und Entwicklungsstand drei verschiedene Ansatzpunkte für ein Management der Wartungsanforderungen:

1) "Greenhorns"

Behandlung von Wartungsanforderungen in Unternehmen, die bisher unstrukturiert entwickelt und gewartet haben, d.h. die angesprochenen SW-Engineering und CASE-Konzepte sind noch nicht umgesetzt, die Dokumentation der Systeme ist nicht oder nur partiell vorhanden.

2) "Semi-Professionals"

a) Behandlung von Wartungsanforderungen in Unternehmen, deren Systementwicklung unter SW-Engineering- und CASE-Aspekten durchgeführt wurde.

b) Eine weitere Differenzierung im Rahmen dieser Kategorie führt zu Unternehmen, die über die CASE-/SW-Engineering-Ansätze hinaus auch Information Engineering und Information Management betreiben, also für eine Abstimmung der DV-Ziele und -Infrastruktur mit den Unternehmenszielen und -strategien sorgen sowie ein unternehmensweites Datenmodell (Enterprise Model) aufbauen bzw. einsetzen (vgl. zum Thema Information Management und insbesondere Information Engineering CURTH, M.A.; WYSS, H.: "Information Engineering", 1988).

3) "Professionals"

Behandlung von Wartungsanforderungen in Unternehmen, welche über die bei 2) angesprochenen Aspekte hinaus schon ein Maintenance Engineering-Konzept einsetzen.

Für sämtliche unter eine der so unterschiedenen Kategorien zu subsumierenden Unternehmen mag dieses Buch wertvolle Anregungen und Hilfen geben. Es sei noch darauf hingewiesen, daß bei einer Abgrenzung von "Entwicklungs-Engineering" und "Wartungs-Engineering" der Begriff SW-Engineering verbunden mit der bisherigen Semantik wenig sinnvoll ist und besser durch "Development Engineering" abgelöst werden sollte, wobei dann SW-

Engineering den Oberbegriff zu Development- und Maintenance Engineering bilden könnte.

3. Die Wartungsproblematik

Fragt man sich, ob und warum eine Wartungsproblematik existiert, so finden sich die unterschiedlichsten Ansätze zur Beantwortung dieser Frage. Zvegintzov (vgl. ZVEGINTZOV, N: "Nanotrends", 1983, S. 106ff.) stellt die These auf, daß Software unsterb-lich ist. Diese Aussage basiert auf einer von ihm durchgeführten Untersuchung mit dem Ergebnis, daß sich die Aufwendungen für bestehende und neue Systeme mit 50 zu 50 gegenüberstehen.

Seiner Meinung nach beruht dieses Resultat auf folgenden Fakten:

- Es werden immer neue Funktionen angehängt und so gut wie nie alte vollständig ersetzt.
- Jede neue Funktion muß in ein bestehendes Umfeld integriert werden.
- Ganze Systeme werden nur dann vollständig ersetzt, wenn zwingende wirtschaftliche oder technische Gründe vorliegen
- Kompatibilität von Systemen ist mehr gefragt als absolute Perfektion

Bevor die hier angeschnittene Problematik vertieft wird, soll in einem Abschnitt 3.1 eine erste Definition des Begriffes "Wartung" umrissen werden sowie Gründe für die Wartung aufgezeigt werden. Ordnet man diese Gründe, so sind unterschiedliche Typen von Wartungsaktivitäten erkennbar (Abschnitt 3.2). Abschnitt 3.3 dokumentiert zum einen die Aufwandverteilung von Wartung im Verhältnis zur Entwicklung sowie im Verhältnis zur gesamten Lebensdauer eines Systems. Zum anderen wird die Aufteilung des Gesamtaufwands der Wartung in die in Abschnitt 3.2 differenzierten Wartungskategorien beziffert. Der anschließende Abschnitt 3.4 befaßt sich mit der fortführenden Beschreibung der oben angerissenen Wartungsproblematik, mit der "Software-Reparatur" als heutiger Wartungsrealität, wobei deutlich werden soll, daß ein geschlossenes Wartungskonzept (Abschnitt 3.5) zwingend notwendig ist, um die angesprochenen Probleme (des SW-Engineering im allgemeinen und der SW-Wartung im besonderen) zu lösen.

3.1 Definition und Gründe der Wartung

In einem ersten Ansatz zur Definition von Wartung gehören hierzu alle Tätigkeiten, die nach Übergabe eines Anwendungs-Softwaresystems in den Produktivbetrieb periodisch oder anforderungsbedingt durchzuführen sind.

Wartung sollte gezielt geplant und klar durchdacht durchgeführt werden.

Bis vor wenigen Jahren wurde die Wartung nur unter dem Aspekt der Software-Reparatur gesehen. Man machte sich noch keinerlei

Gedanken über spätere Auswirkungen der dann vorgenommenen, meist nicht gegen das Gesamtsystem geprüften Eingriffe und Änderungen.

Wie man heute weiß, wurde unter diesen Voraussetzungen mit jeder Wartungsaktivität die Software komplexer, unstrukturierter und kaum noch durchschaubar. Jeder Wartungsschritt addierte sich auf zu einem zusätzlichen Zukunftsproblem.

Will man aus den Fehlern der Vergangenheit lernen, so muß man von einer 'Wartung auf Zuruf' Abschied nehmen und alle Wartungsaktivitäten, genau wie auch die Aktivitäten in der Entwicklung, über ein passendes Vorgehensmodell organisieren.

Abb. 3-1 zeigt eine gewichtete Aufstellung der Gründe für Wartung (in Anlehnung an LIENTZ, B.P.; SWANSON, E.B.: "Maintenance", 1980, S.73). Etwa 42% aller Wartungsaktivitäten entstammen aus Änderungen bei den Anwenderanforderungen, während der Großteil der Wartungsanforderungen (58%) technisch bedingt ist. Beispiele für diesen Bereich sind Änderungen in den Datenformaten, Wechsel in der Hardware oder Effizienzüberprüfungen.

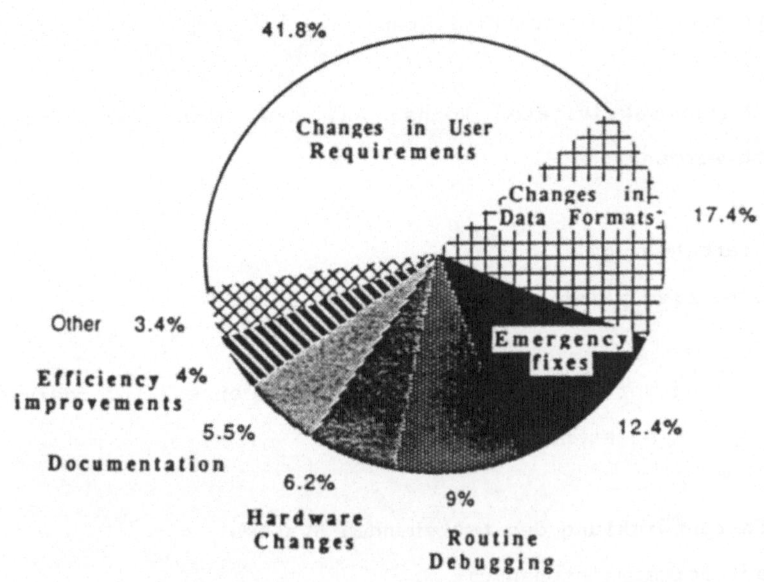

Abb. 3-1: Verteilung der Wartungsgründe

Ausgehend von den oben geschilderten Wartungsgründen lassen sich mit Blick auf die Managebarkeit unterschiedliche Typen der Wartung unterscheiden, auf die im folgenden Abschnitt näher eingegangen wird.

3.2 Typen der Wartungsaktivitäten

Alle Wartungsaktivitäten können auf drei Grundformen zurückgeführt werden :

- Fehlerbehebung

  (corrective maintenance)

- Anpassung der Funktionalitäten an veränderte   Anforderungen

  (adaptive maintenance)

- Weiterentwicklung des bestehenden Systems

  (perfective maintenance)

Wie empirische Untersuchungen gezeigt haben, ergibt sich für
diese drei Grundformen annähernd folgende prozentuale
Verteilung (LIENTZ, B.P.; SWANSON, E.B.: "Maintenance", 1980,
S. 73):

                                                    Prozentanteil

__Corrective maintenance__

- Emergency program fixes   12,4
- Routine debugging   9,3

__Adaptive maintenance__

- Accommodation of changes to data inputs and files 17,4
- Accommodation of changes to HW and SSW   6,2

<u>Perfective maintenance</u>

- Enhancement   41,8

- Improvements of documentation   5,5

- Efficiency improvements   4,0

<u>Others</u>   3,4

Eine anschauliche graphische Aufteilung in Anlehnung an Lientz
und Swanson kann aus der   folgenden Abbildung 3-2 entnommen
werden:

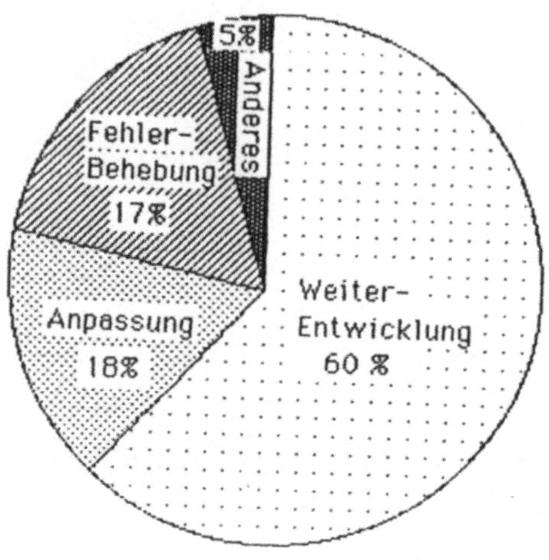

Abb. 3-2: Prozentuale Verteilung der Wartungstypen

Aus dieser Übersicht ist klar zu erkennen, daß sich der heutige Wartungsbegriff aus einer Vielzahl von Aktivitäten zusammensetzt und nicht mehr, wie in der Vergangenheit, die bloße Fehlerbehebung beinhaltet. Die Komponente Weiterentwicklung ist sehr stark in den Vordergrund getreten und erreicht damit auch korrespondierende Zahlen auf der Entwicklerseite, da es hier im ersten Realisierungsanlauf so gut wie nie gelingt, eine Lösung zu erstellen, die das gesteckte Entwicklungsziel zu 100% abdeckt. Systeme, die diesem Anspruch gerecht werden könnten, sind im Grunde weder zu finanzieren, noch innerhalb eines akzeptablen Zeitrahmens zu realisieren.

Wie verschiedene Untersuchungen gezeigt haben, werden meist nur 70% dessen realisiert, was man ursprünglich geplant hatte. Das Hauptproblem stellt in der Regel eine unzureichende Spezifikation dar, die eben maximal 70% dessen erfaßt, was im späteren Betrieb sinnvoll und notwendig ist. Die verbleibenden 30% steigern so die Wartungsaktivitäten in Richtung Weiterentwicklung in genannter Weise.

Aber auch rasche Änderungen in den Benutzeranforderungen ("Changes in User Requirements") mit rund 42% führen dazu, daß ein SW-System einer permanenten Weiterentwicklung unterliegt; die eigentliche Fehlerbehebung hat mit 12,4% einen vergleichsweise geringen Anteil.

Eine häufige Ursache dafür, daß Benutzeranforderungen schon wieder verändert sind, bevor das System realisiert und einsatzbereit ist, liegt in der extremen Zeitspanne zwischen Spezifikation und Inbetriebnahme. Diese begründet sich meistens durch die schon vorher angesprochenen Anwendungsstaus, welche ohne den Einsatz von rechnergestützten Software-Engineering-Methoden kaum zu bewältigen sind.

Software-Entwicklungsumgebungen, sogenannte "CASE-Systeme", werden nur recht zögernd akzeptiert und eingesetzt. Viele Unternehmen bemängeln, daß die angebotenen Systeme den einen oder anderen Bereich der Entwicklungs-, Wartungs- oder Betriebsumgebung (z.B. Termin- und Ressourcenplanung) nicht vollständig abdecken. Hier ist allerdings der vielzitierte

Vergleich mit dem Radfahrer angebracht, der sich vor 10 Jahren ein perfektes Auto kaufen wollte und heute weiterhin Rad fährt, da er beim Auto immer noch selbst lenken muß.

Durch den Einsatz von Software-Entwicklungstools kann, wie Erfahrungen gezeigt haben, bei sofortigen Produktivitätssteigerungen nahezu eine 90%-Lösung erreicht werden, so daß es keinen Sinn macht, durch weiteres Abwarten irgendwann die angestrebten 100% zu erreichen. Diskussionen darüber, welches Entwicklungssystem oder welche Methodik die bessere sei, beziehen sich daher ausschließlich auf diese restlichen 10%, für die man anscheinend bereit ist, jahrelang auf die sofort nutzbare Produktivitätssteigerung zu verzichten.

Darüber hinaus gibt es zwei weitere Probleme, die den Anwendungsstau begründen :

- zuwenig Entwicklerkapazitäten
- schlechtes oder nichtvorhandenes Configuration Management

Die Anzahl neuer qualifizierter Entwickler wird auch in den nächsten Jahren nur unwesentlich zunehmen, so daß die einzige Lösung lautet:

<u>Ressourcenfreisetzung in der Wartung zur Schaffung prozentual höherer Entwicklerkapazitäten</u>

Diese Gleichung geht jedoch nur dann auf, wenn sowohl in der Wartung, wie auch in der Entwicklung dieselben Tools und Methoden eingesetzt werden. Nur so lassen sich Entwickler und Wartungsspezialisten wechselseitig einsetzen, so daß selbst bei begrenzten Ressourcen mehr Produktivität entsteht.

Man sollte sich dessen bewußt sein, daß jedes neue Stück Software neue Wartungsaktivitäten erforderlich macht. Aus diesem Grunde müssen durch ein entsprechendes 'Configuration Management' bereits erstellte und ausgetestete Softwaremodule wieder Verwendung in Neuentwicklungen finden.

Es fehlt allerdings zumeist eine Übersicht über die vorhandenen Module, eine konkrete Beschreibung ihrer Funktionalität und ihrer Datenschnittstellen. Es wäre darüber hinaus wünschenswert, wenn innerhalb eines Unternehmens eine einheitliche Programmier- bzw. Metasprache eingesetzt würde. Mit Hilfe eines entsprechenden Generatorsystems könnten so die unterschiedlichen Hardwaresysteme bedient werden und die Idee der Weiterverwendung von bereits erstellten Modulen in eine breitere Realität umgesetzt werden. Ebenso sollte in jedem Unternehmen ein Unternehmensdatenmodell aufgebaut werden, aus dem dann das logische Datenbank-Schema abgeleitet wird (vgl. CURTH, M.A.; WYSS, H.B.: "Information Engineering", 1988). Diese logische Datensicht sollte direkt aus der verwendeten Metasprache ansprechbar sein. Der Vorteil eines solchen Modells liegt darin begründet, daß alle physikalischen Zugriffe abgekapselt sind und in austauschbaren Zugriffsroutinen abgelegt werden, die es zulassen, unterschiedliche Datenhaltungssysteme anzusprechen.

Nur durch diese Maßnahmen kann ein Unternehmen langfristig den Anwendungsstau abbauen und mit den ohnehin knappen Ressourcen eine optimale DV-Versorgung garantieren.

Einer der wichtigsten Aspekte ist somit die Erhöhung der Effizienz innerhalb der Wartungstätigkeiten, da hier im Grunde verborgenes Entwicklerpotential schlummert. Eine Produktivitätssteigerung kann nur durch den Einsatz eines speziellen Wartungsmodells erreicht werden, das genau wie in der Entwicklung rechnergestützte Tools und Methoden anbietet, welche die Wartungsaktivitäten vereinfachen und so Ressourcen freisetzen, die in der Entwicklung benötigt werden.

Derzeit sind ca. 70% der Entwicklerkapazität in Wartungstätigkeiten gebunden. Es sollte angestrebt werden, diesen Anteil auf mindestens 50% zu reduzieren, so daß zwischen Entwicklung und Wartung ein besseres Gleichgewicht eintritt.

3.3 Aufwandverteilung für die Wartung

30 bis 50 % der gesamten Life Cycle-Kosten eines Softwarepaketes entfallen auf die Entwicklung, 50 bis 70% hingegen auf die Wartung. Diese Zahlen haben sich seit 1979 nur

marginal geändert und streben heute eher in Richtung 70%-Marke

(vgl. die anschauliche Darstellung in Abb. 3-3).

Abb. 3-3: Der Software-Eisberg

Quelle : MARTIN, J.; MCCLURE, C.: "Maintenance", 1983, S.7

Eine Umfrage von Lientz und Swanson bei DV-Managern in 487 DV-

Organisationen in den USA ergab (vgl. SCHNEIDEWIND, N.F.:

"Software-Wartung", 1988, S. 51):

- weit über 50 % der Zeit der Anwendungsentwickler wird für Wartungstätigkeiten verbraucht

- Über 40 % des Aufwands für den Support eines Anwendungssystems entfallen auf Verbesserungen und Erweiterungen für den Benutzer

- Das durchschnittliche Anwendungssystem ist zwischen 3 und 4 Jahren alt besteht aus rund 55 Programmen und 23000 Sourcecode-Statements und wächst jährlich um mehr als 10 %

- Für die Wartung eines durchschnittlichen Systems wird etwa ein halbes Mannjahr pro Jahr veranschlagt

Aus den vorliegenden Zahlen geht eindeutig hervor, daß Software stetig wächst, damit von Wartungsschritt zu Wartungsschritt komplexer wird und sich immer mehr von der ursprünglich konzipierten Version entfernt. Solange nicht nur das Coding geändert wird, sondern auch entsprechend die Systemdokumentation, ist gegen diesen Prozeß nichts einzwenden, da die Software ein Abbild der betrieblichen Realität darstellt und somit genau wie diese Umwelt strukturellen Änderungen unterliegt.

Weit bedeutender ist jedoch die Feststellung, daß rund 23000 Lines of Code ein halbes Mannjahr Wartungsaktivitäten bedingen. Versucht man hier eine Hochrechnung für das eigene Unternehmen, so erhält man heute sicherlich einen Wartungsaufwand, der bereits deutlich über den zuvor genannten 50% der Systemlebensdauer liegt und in manchen Unternehmen bereits auf die 70%-Marke zusteuert.

Selbst wenn man für die Zukunft einen geringeren prozentualen Zuwachs an neuentwickelter Software prognostizieren würde, was wahrscheinlich falsch ist, bekäme man mit der genannten 10%-Steigerungsrate der "Altsoftwarebestände" ein personell nicht mehr handhabbares "Wartungschaos".

Unter einem realistischen Blickwinkel, der ein Softwarewachstum wie das der vergangenen Jahre zugrundelegt, kann nur ein konzeptionelles Vorgehen in der Wartung eine Bewältigung der Softwarezukunft bringen.

Abb. 3-4 gibt einen anschaulichen Überblick über die entstehenden Aufwände über den gesamten Lebenszyklus eines SW-Systems (in Anlehnung an ZELKOWITZ, M.V.: "Software", 1978).

● Wartungskosten betragen derzeit 67%
bezogen auf die Kosten im gesamten
Softwarelebenszyklus

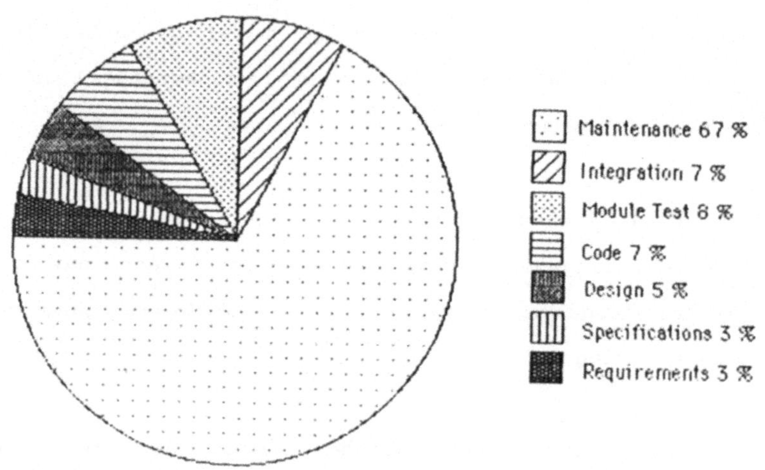

Abb. 3-4: Aufwandverteilung im Software-Life Cycle

3.4 Die heutige Wartungsrealität ("Software-Reparatur")

Die heute in den meisten Unternehmen vorfindbare Wartungsrealität läßt sich kurz mit dem Stichwort "Software-Reparatur" umschreiben, wofür es einige Charakteristika gibt:

- 75 bis 80% der existierenden Software wurden noch vor der Verbreitung der strukturierten Programmierung erstellt

- bei der Änderung eines Softwaremoduls kann nur sehr schwer vorausbestimmt werden, welche Auswirkungen diese Änderung hat, da meist die Entwurfsunterlagen ungenau oder nicht mehr aktuell sind

- es ist sehr schwierig, in 'fremden' Programmen Fehler zu finden und Funktionsabläufe nachzuvollziehen, da meist entsprechende Programmdokumentationen fehlen und in den wenigsten Fällen Programmstandards gegeben oder eingehalten wurden

- so gut wie kein System ist vom Konzept her auf Wartung ausgelegt, das heißt, es existiert kein durchgehender modularer Aufbau

Diese Gründe allein bereiten (jeder für sich betrachtet) bereits genug Probleme. Erschwerend kommt jedoch noch hinzu, daß aufgrund des akuten Personalmangels in der heutigen Wartungsrealität nur noch reagiert und nicht mehr agiert werden kann. Das bedeutet, anstatt die angesprochenen Probleme zu beseitigen und durch gezielte Nachdokumentation, Entwurfsnachführung und Programmsanierung Software zu erhalten, die eine gute Grundvoraussetzung für die Wartung bietet, werden weitere Zukunftsprobleme geschaffen.

Der Wartungsprogrammierer ist aufgrund des ständigen Zeitdrucks i.d.R. überhaupt nicht in der Lage, seine Wartungstätigkeiten mit der aus der Entwicklung bekannten Sorgfalt zu erfüllen. So kommt es häufig dazu, daß nur eine reine "Pannenbehebung" durchgeführt wird. Die Dokumentation und der Entwurf werden so gut wie nie nachgeführt und dem geänderten Programmstand angepaßt. Ebenso wird die Änderung äußerst selten gegen das Gesamtsystem geprüft. Man verläßt sich einfach darauf, daß sich Folgefehler schon von selbst zu erkennen geben. Es entsteht der sogenannte 'Domino-Effekt', das heißt, die schnelle Behebung eines Fehlers oder die Erweiterung einer Funktion wird nur lokal getestet. Häufig genug jedoch passiert es dann, daß eine Wartungsaktivität zahlreiche, im ersten Moment nicht sichtbare Fehler nach sich zieht. Kommt dann noch hinzu, daß andere in Abhängigkeit voneinander arbeitende Programmpakete ebenso nachlässig gewartet werden und ebenfalls ohne passende Dokumentation sind, dann ist das Chaos unabwendbar.

Das Resultat eines solchen Vorgehens ist, daß das Coding immer unübersichtlicher und umfangreicher wird, da im Zweifelsfall immer etwas neu dazugeschrieben wird, weil keiner mehr bereit ist gedanklich nachzuvollziehen, wie diese "Programmriesen" funktionieren. Diese Arbeitsweise wird dann unter dem schönen Begriff "Umgehungslösung" verkauft.

Die Probleme für zukünftige Wartungsarbeiten werden so selbst produziert und potenziert. Weitere Wartungsaktivitäten sind meistens personenabhängig und damit für ein Unternehmen kaum tragbar.

Eine zusätzliche zu bewältigende Schwierigkeit findet sich in der Klassifizierung der Wartungsaktivitäten. Oft existiert kein ablauforganisatorischer Weg, eine Wartungsanforderung einzubringen. Hier kommt es zur "Wartung auf Zuruf".

Gibt es keine festgelegte Möglichkeit, eine Wartungsanforderung an die richtige Adresse zu richten, so ist es auch mehr oder weniger dem Zufall überlassen, wer diesen Wartungsauftrag interpretiert und ihm entsprechend oft willkürlicher Kriterien eine hohe oder niedrige Abarbeitungspriorität zuordnet.

Ungeplant und unkontrolliert wird nun auch die Wartung angegangen. Jede Wartungsaktivität wirkt sich qualitätsmindernd auf das Gesamtsystem aus, da nicht überprüft wird, ob der Wartungsauftrag vollständig abgearbeitet wurde und inwieweit die Änderung getestet worden ist.

Wird eine Wartungsanforderung nicht genau analysiert und spezifiziert, so kann vom Wartungsprogrammierer keine überprüfbare Arbeit verlangt werden. Fehlen Spezifikation und

Wartungsauftrag, so ist auch keine Rückmeldung der ausgeführten Arbeiten möglich, da die geleistete Arbeit nicht gegen eine definierte Anforderung geprüft werden kann. Eine Wartung in dieser Form ist nicht nur unökonomisch, sondern auch demotivierend für das Wartungsteam, da ohne konkrete Aufgabenstellung auch kein qualifizierbarer Erfolg sichtbar wird.

3.5 Notwendigkeit eines geschlossenen Wartungskonzeptes

Wartung ist schwierig, weil (vgl. SCHNEIDEWIND, N.F.: "Software-Wartung", 1988, S. 51):

- meist weder das Produkt noch sein Entstehungsprozeß nachvollziehbar sind

- Änderungen nicht oder nur unzureichend dokumentiert worden sind

- die Stabilität bei Änderungen fehlt, da die notwendigen Tests nicht durchgeführt worden sind

- "Domino-Effekte" bei Änderungen auftreten

- der kurzsichtige Glaube vorherrscht, Wartung beginne erst nach Auslieferung des Systems

Wie aus den vorhergehenden Abschnitten ersichtlich wird, kann eine Wartung, will man sie effizient und kostengünstig durchführen, nur über ein spezielles Wartungsmodell abgewickelt werden. Wartung sollte hierbei als genau so wichtig angesehen werden wie die Entwicklung und nicht nur wie bisher als ein Appendix in einem Vorgehensmodell für die Software-Erstellung Beachtung finden.

Wartungsaktivitäten bestehen, wie gezeigt wurde, zu rund 60% aus Weiterentwicklungsanforderungen und erfordern somit denselben Weg der Analyse, Spezifikation, Entwurf, Realisierung und Test wie eine Erstrealisierung. Hierbei ist allerdings eine im Vergleich zu Neuentwicklungen erhöhte Verknüpfung mit der bereits bestehenden Systemdokumentation bzw. mit einem evtl. vorhandenen oder im Aufbau begriffenen Unternehmensdatenmodell zu beachten.

Wie im Projektmanagement während der Entwicklung, so ist es auch bei der Wartung dringend erforderlich, die von den Benutzern eingehenden Wartungsanforderungen zu kanalisieren, zu gewichten und in Form von Arbeitsaufträgen an das Wartungsteam zu geben. Nur so ist gewährleistet, daß eine Durchführungskontrolle, eine Dokumentationskontrolle und entsprechende Qualitätssicherungs-Maßnahmen überhaupt möglich werden.

Nur Geplantes kann kontrolliert werden, nur Standardisierung bringt Vergleichbarkeit, nur nachgeführte Dokumentation gibt Aufschluß über das spätere System.

Softwarequalität kann nur erreicht werden, wenn zuvor ein Maßstab bestimmt wird, gegen den geprüft werden kann. Überlegt man, daß Software ein sehr teueres Investitionsgut ist, so ist es unverständlich, wie die in der Entwicklung geforderte Softwarequalität in der Wartung so stark vernachlässigt, ja sogar das ursprünglich erreichte Qulitätsniveau nach und nach wieder zerstört wird.

Betrachtet man die durchschnittliche Produktlebensdauer von großen Softwarepaketen, so liegt dieser bei 5 bis 10 Jahren im kommerziellen Bereich. Software wird sicherlich durch Wartung unter Umständen stark verändert, sollte aber keinesfalls ursprünglich gesetzte Qualitätsnormen unterlaufen. Nur durch Beibehaltung von Qualität, auch innerhalb der Wartung, können die Softwareinvestitionen über den gesamten Produktlebenszyklus gesichert werden.

4. Change Management

Wie schon zuvor beschrieben (vgl. Abschnitt 3.3), können Wartungsanforderungen auf die Kategorien Fehlerbehebung (corrective maintenance), Anpassung der Funktionen an neue Rahmenbedingungen (adaptive maintenance) und Weiterentwicklung des bestehenden Systems (perfective maintenance) zurückgeführt werden.

In allen drei Fällen ist aus Sicht der Benutzer bzw. Anfordernden eine sofortige Reaktion im Hinblick auf die Veränderung der Software wünschenswert. Daraus resultierte in der bisherigen Praxis i.d.R. ablauforganisatorisch eine "Wartung auf Zuruf" mit den bereits geschilderten Konsequenzen und Nachteilen.

Will man diese unkontrollierten Wartungsaktivitäten vermeiden, so muß eine zentrale Stelle geschaffen werden, die eine Koordination und Steuerung aller Wartungsaktivitäten übernimmt. Organisatorisch ist ein Wartungs-Manager zu installieren, in dessen Verantwortung der gesamte Wartungsprozeß in bezug auf Planung, Durchführung und Kontrolle liegt.

In einem ersten Abschnitt werden Lösungsmöglichkeiten für eine aufbauorganisatorische Integration der Wartungsaktivitäten aufgezeigt, im zweiten Abschnitt die Funktionen des o.e. Wartungs-Managers präzisiert und schließlich die Ablauforganisation der Wartung beschrieben, deren wesentliche methodische Grundlage - das Maintenance Engineering-Modell - Gegenstand des fünften Kapitels ist.

4.1 Aufbauorganisatorische Integration der Wartungsaktivitäten

Um ein reibungsloses Funktionieren der Wartung zu gewährleisten, müssen neben vielen anderen, noch anzusprechenden Dingen auch die aufbauorganisatorischen Voraussetzungen geschaffen werden.

Betrachtet man das Topmanagement deutscher Unternehmen, so ist die DV unter Bezeichnungen wie "ORG/DV", "Information Management" oder "Informationswesen" auf Vorstands- oder Geschäftsleitungsebene nur in relativ wenigen Fällen vertreten. Obwohl nicht zum eigentlichen Thema dieses Buches gehörend, sei die Bemerkung erlaubt, daß eine derart hohe hierarchische Einordnung aufgrund der wachsenden Bedeutung dieses Sektors als zwingend notwendig erachtet wird.

Unabhängig von der Zuordnung auf hierarchische Ebenen existiert i.d.R. ein Abteilungs-, Gruppen-, Bereichs- oder Ressortleiter für das gesamte Feld der Daten- und Informationsverarbeitung, das im folgenden mit Information Management oder ORG/DV bezeichnet wird. Unterhalb des Ressortleiters für Information Management befinden sich in aller Regel die Bereiche oder Abteilungen für Entwicklung (auch mit Anwendungsentwicklung oder Programmierung bezeichnet), Organisation, Methoden/Standards und Technik bzw. Rechenzentrum. Abb. 4-1 zeigt ein Beispiel zur konventionellen Aufbauorganisation, wobei die entsprechenden Stellen auf der dritten Ebene exemplarisch präzisiert wurden. Der Entwicklungsbereich wird dabei normalerweise in Anlehnung an die vorhandenen Fachbereiche (z.B. Beschaffung, Produktion, Absatz) weiter untergliedert.

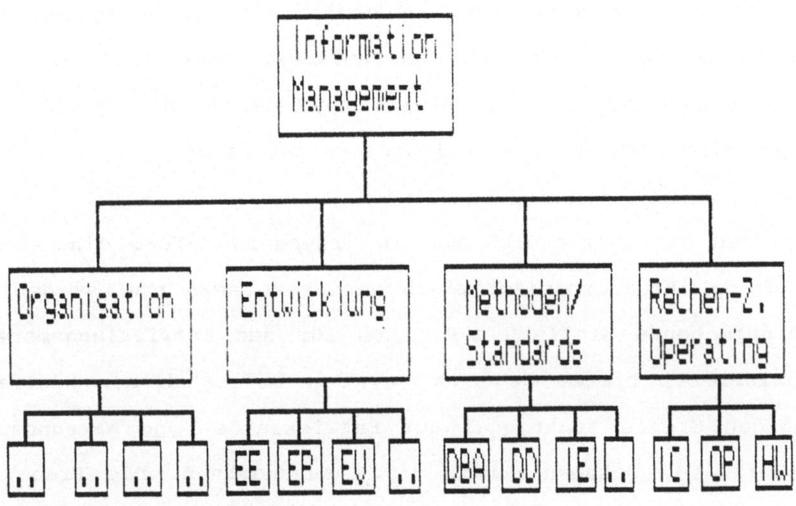

Abb. 4-1: Organigrammbeispiel für den traditionellen ORG/DV-Bereich

Mit Blick auf die Wartungsaktivitäten werden zwei wesentliche Anforderungen an die Aufbauorganisation gestellt:

● gleichberechtigt zum Entwicklungsbereich muß ein Wartungsbereich installiert werden. Dieser sollte zumindest funktional dieselben Fachbereiche abdecken wie der Entwicklungsbereich, also nicht unbedingt auch eine identische Abteilungsstruktur haben.

● für diesen Wartungsbereich muß in irgendeiner Form eine Qualitätssicherung aufbauorganisatorisch verankert sein bzw. werden. Da eine entsprechende Stelle i.d.R. auch für den Entwicklungsbereich nicht existiert, bietet es sich an, den Umfang dieser neutralen unabhängigen Stelle funktional auf Entwicklungs- <u>und</u> Wartungsprodukte (Software, Dokumentation, etc.) auszudehnen. Die Frage, ob eine derartige QS-Funktion unter die Schirmherrschaft des Information Managers fällt oder ob sie aus dem ORG-/DV-Bereich losgelöst beispielsweise unterhalb der Unternehmensrevision angesiedelt wird, ist dabei zunächst irrelevant. Nähere Präzisierungen zum Thema Revision und Qualitätssicherung erfolgen in Kapitel 6. Wichtig an dieser Stelle ist nur das Feststellen der zwingenden Notwendigkeit der Einrichtung einer solchen Funktion auch für die Wartung.

Das in Abb. 4-1 dargestellte beispielhafte Organigramm ändert sich also unter Berücksichtigung der oben aufgeführten Erläuterungen (vgl. Abb. 4-2).

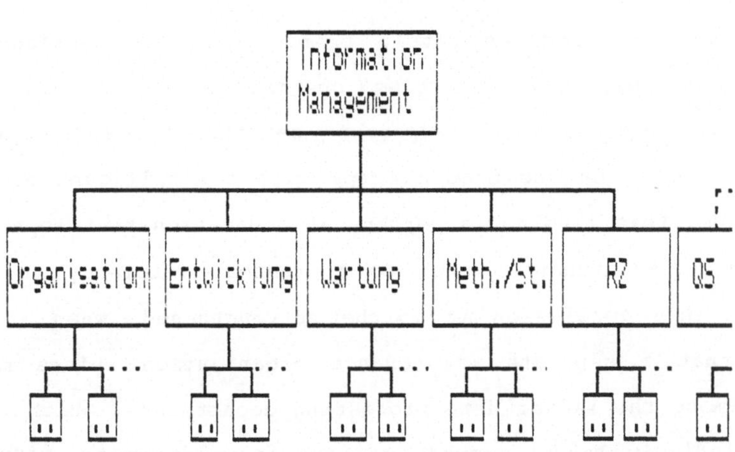

Abb. 4-2: Organigramm unter Berücksichtigung des Wartungsmanagement

Für die vorgeschlagene Trennung von Entwicklungs- und Wartungsbereich sind die folgenden Überlegungen und Voraussetzungen maßge-
bend:

● Notwendig sind zwei Manager, einen für den Entwicklungs- und
einen für den Wartungsbereich jeweils mit fachlicher und
disziplinarischer Vorgesetztenfunktion, weil ansonsten
Prioritätenüberlegungen _eines_ Alleinverantwortlichen für
Entwicklung und Wartung immer zu einer vorrangigen Behandlung von
Neuentwicklungen führen würden.

● Die Richtigkeit dieser Trennung ist auch empirisch nachgewiesen
worden. So kamen z.B. Lientz und Swanson in einer groß angelegten
Befragung zur Wartung von Anwendungs-Software in 487 Unternehmen
zum gleichen Ergebnis. "Most interestingly, departments where

maintenance is organized separately from new system development tend to spend _less_ relative time on maintenance. Since the motivation to establish a separate maintenance unit would presumably be based on the need to cope with a significant effort in maintenance, this finding is perhaps an indication that separate organization of maintenance leads to increased efficiency in its performance. This conclusion is further strengthened, when it is considered that a separate maintenance organization exists more frequently among the larger data processing departments, which tend to spend relatively larger amounts of time on maintenance (LIENTZ, B.P.; SWANSON, E.B.: "Maintanence", 1980, S. 16).

● Trotz dieser strikten statischen aufbauorganisatorischen Trennung ist eine enge Kooperation zwischen beiden Bereichen notwendig, insbesondere im Hinblick auf die einheitliche Anwendung und Einhaltung von Methoden und Standards sowie in bezug auf den Know How-Transfer bei den Mitarbeitern, was durch den Einsatz von "Job Rotation" gelöst werden könnte.

● Im Hinblick auf die beiden o.a. Problemkreise liegt jedoch Zielkonformität vor, da die Ausrichtung auf die IE-Philosophie bzw. die Einhaltung von Normen und Standards dabei hilft, die Personenabhängigkeit im Rahmen der Entwicklung wie auch der Wartung zu verringern.

4.2 Ablauforganisation der Wartung

In den meisten DV-Organisationen findet man heute noch keine eigenständige Stelle, die Wartungsaktivitäten koordiniert und kontrolliert. Die Anforderungen an die DV-Wartung steigen jedoch von Jahr zu Jahr, und zwar aus technischer, wie auch aus organisatorischer Sicht.

Eine wie bislang praktizierte "Wartung auf Zuruf" sollte der Vergangenheit angehören. Wartungsaktivitäten müssen genau wie alle Entwicklungsaktivitäten geplant, koordiniert und auftragsbezogen abgewickelt werden.

Eine der wichtigsten Tätigkeiten im Rahmen der Ablauforganisation der Wartung ist die Klassifizierung und Prioritätenbildung bzgl. der aus den Fachabteilungen eintreffenden Änderungsanträge (vgl. Abb. 4-3):

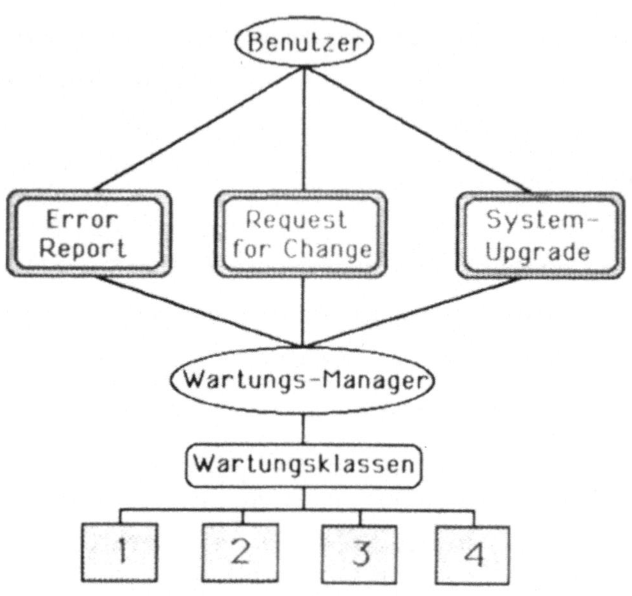

Abb. 4-3: Klassifizierung der Wartungsanforderungen

Ablauforganisatorisch lassen sich auf Dauer diese Anforderungen nur durch den Einsatz eines Wartungs-Managers sinnvoll lösen. In der Verantwortung des Wartungs-Managers liegt dabei die gesamte Wartungsplanung in bezug auf Ablauf, Kosten, Realisierung und Kontrolle. Er bildet dabei das Interface zwischen Fachabteilung und DV-Team. Alle Wartungsanforderungen werden direkt von der Fachabteilung an ihn gerichtet.

Eine seiner Hauptaufgaben besteht darin, eine erste Klassifizierung der eintreffenden Wartungsanforderungen durchzuführen. Die Klassifizierung der Wartungsanforderungen soll in folgende vier Kategorien erfolgen:

- direct changement

  sofortige Korrektur schwerwiegender Softwarefehler

  "emergency repair"

- shortrange changement

  kurzfristig durchzuführende Änderungen

  "corrective coding"

- mediumrange changement

  mittelfristig durchzuführende Systemerweiterungen

  "upgrades"

- longrange changement

  kurzfrisitge Änderungen und Restrukturierung

  "system redesign"

Mit Hilfe dieser Klassifizierung kann eine Prioritätenvergabe erfolgen. Sollten andere Faktoren in die Vergabe einfließen, so bedarf es hier einer gesonderten Managemententscheidung.

In die Kategorie "direct changement" fallen schwerwiegende Softwarefehler, die eine weitere Nutzung in Frage stellen. Der Benutzer meldet über den Error Report diesen Fehler dem Wartungs-Manager. Von hier aus wird sofort ein Änderungsauftrag erstellt und vorrangig durch das Wartungsteam realisiert. Abb. 4-4 veranschaulicht den entsprechenden Ablauf.

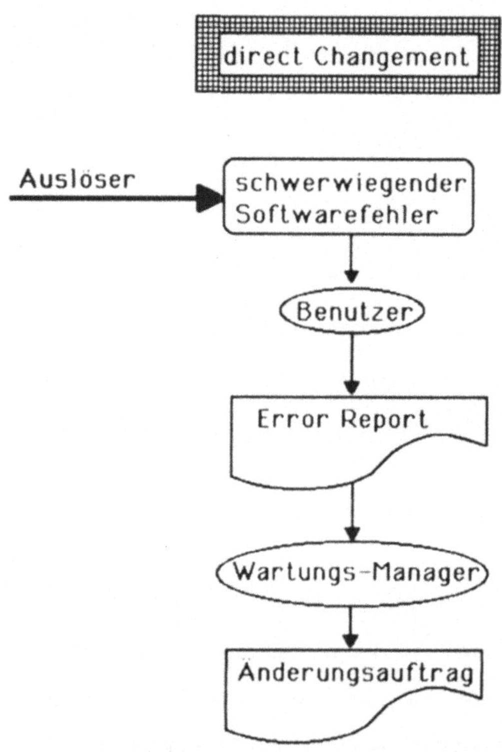

Abb. 4-4: Ablauf des direct changement

Kurzfristig durchzuführende Änderungen der Klasse "shortrange changement" betreffen in der Hauptsache Wartungstätigkeiten, die durch Änderungen des organisatorischen Umfeldes nötig werden. Da kommerziell-administrativ genutzte Software in der Regel ein Abbild der Ablaufstruktur eines Unternehmens darstellt, ist hier eine kurzfristige Anpassung der Software vorzunehmen.

Auch in diesem Fall wird i.d.R. durch den Benutzer der Anstoß zur Änderung gegeben. Der Wartungs-Manager formuliert in Zusammenarbeit mit der zentralen Organisationsabteilung einen entsprechenden Änderungsauftrag (vgl. Abb. 4-5) und gibt diesen in die Pipeline der kurzfristig durchzuführenden Änderungen. Änderungstermine ergeben sich hier meist zwangsläufig mit dem Stichtag der Einführung der organisatorischen Änderung.

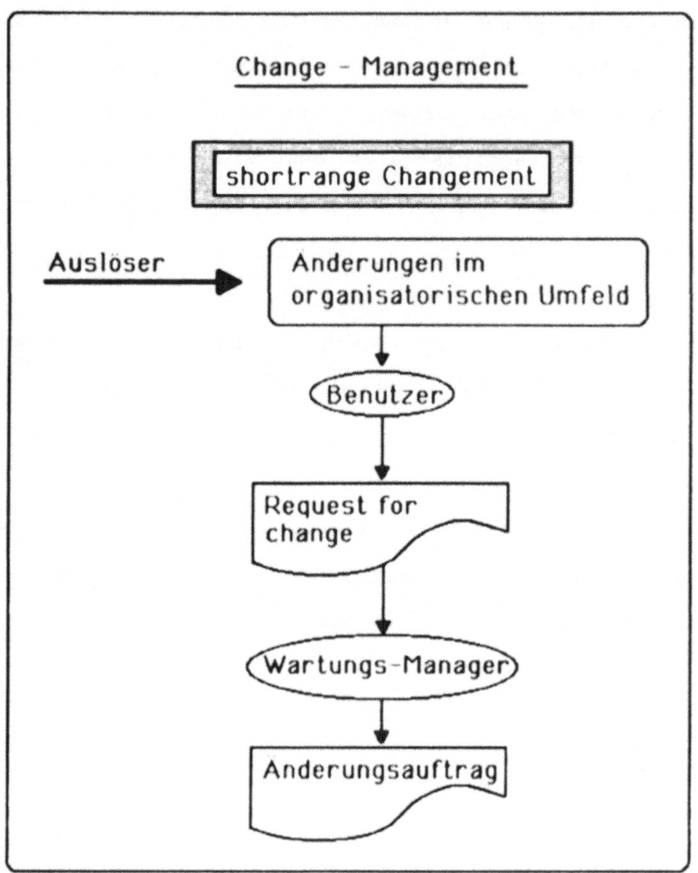

Abb. 4-5: Ablauf des shortrange changement

Da Unternehmensstrukturen keineswegs statisch sind, entstehen durch Erweiterungen und Änderungen von Unternehmensbereichen häufig neue Anforderungen, die in Form von Systemerweiterungen DV-technisch einbezogen werden müssen. Diese "system upgrades" fallen in die Wartungsklasse "mediumrange changement" (vgl. Abb. 4-6).

Change - Management

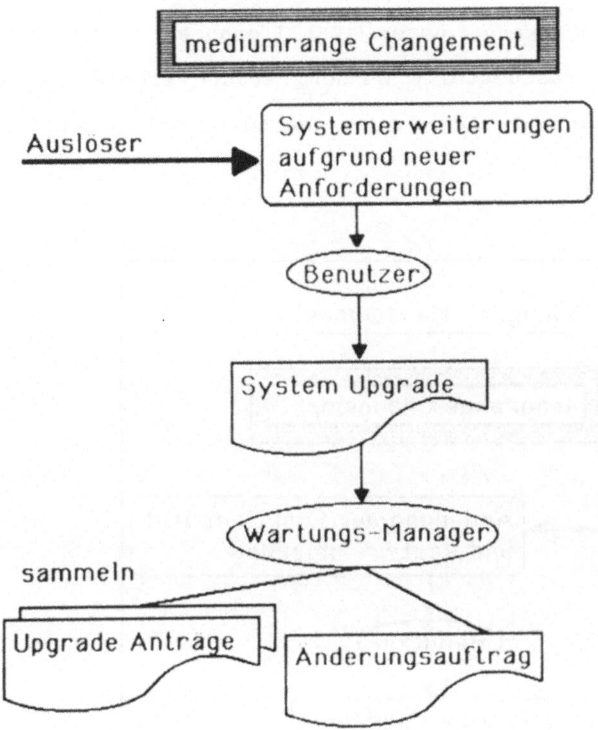

Abb. 4-6: Ablauf des mediumrange changement

Die über den Benutzer in den Fachabteilungen/-bereichen herangetragenen Erweiterungswünsche werden vom Wartungs-Manager in Kooperation mit der Organisationsabteilung gewichtet. Nach Prüfung der Anforderungen erstellt der Wartungs-Manager einen Änderungsantrag und gibt ihn zur mittelfristigen Realisierung an das Wartungsteam weiter.

Zur Wartungsklasse "longrange changement" zählen alle Wartungs-, Sanierungs- und Umstellungsarbeiten ganzer Programmpakete. Hier kann unter Zuhilfenahme entsprechender Toolunterstützung festgestellt werden, welche Programmteile zu übernehmen, zu restrukturieren oder neu zu erstellen sind (vgl. Abb. 4-7).

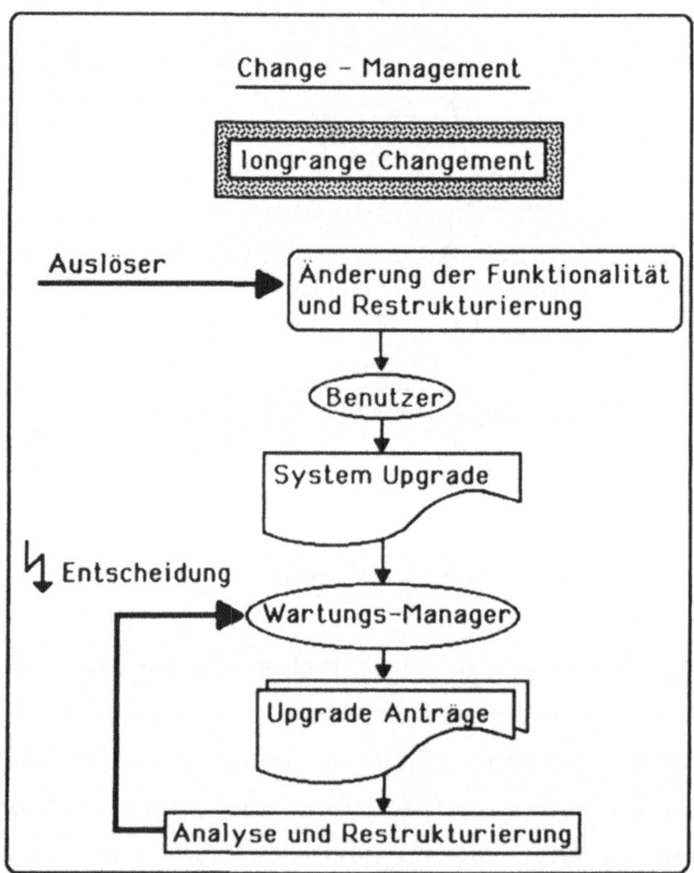

Abb. 4-7: Ablauf des longrange changement

Der Wartungs-Manager bekommt aus der Fachabteilung die Anforderungen für die Systemerweiterung. Diese Anforderungen werden per Änderungsauftrag an das Wartungsteam weitergegeben. Da im Rahmen jeder Wartungsaktivität eine Analyse der Wartungsaufgabe erfolgt, gibt es eine Rückmeldung an den Wartungs-Manager, die den Vorschlag zur Sanierung des Programmpaketes enthält. Aufgrund dieser Analyse ist dann vom Wartungs-Manager und von der DV-Leitung zu entscheiden, ob eine Sanierung vorzunehmen ist oder eine Neuerstellung erfolgen soll.

Im Rahmen aller Wartungsaktivitäten erfolgt nach Spezifikation des Wartungsauftrages eine Analyse der Aufgabe durch das Wartungs-Team. Aufgrund dieser Rückmeldung kann dann vom Wartungs-Manager entschieden werden, wie weiter vorzugehen ist. Sind, wie im Falle des longrange changement, gravierende Eingriffe innerhalb eines Softwarepaketes erforderlich, so müssen Wartungs-Manager und DV-Leitung entscheiden, ob der vom Wartungs-Team ermittelte Aufwand eine Sanierung oder Neuerstellung bedingt.

Zur Meldung der Software-Probleme sollte ein festes Verfahren benutzt werden, über das die Fachabteilung mit dem Wartungs-Manager in Kontakt tritt. Die beste und einfachste Lösung dieses Kommunikationsproblems ist die Einführung sogenannter Error-Reports, der folgende Bestandteile enthalten sollte:

- Name des Anwendungssystems

- Datum

- Name und Abteilung des Bearbeiters bzw. Fehlererkennenden

- Name der Verarbeitungskomponente (Programm, Modul), in der Fehler auftraten

- Welche Eingaben führten zu Fehlern (Programmabbruch)

- Wie reagierte das System auf

  • Applikationsebene

  • Systemebene

  • Hardwareebene

- Welche Auswirkungen hatte der Fehler

Der ablauforganisatorische Vorgang könnte dabei wie folgt aussehen (Abb. 4-8):

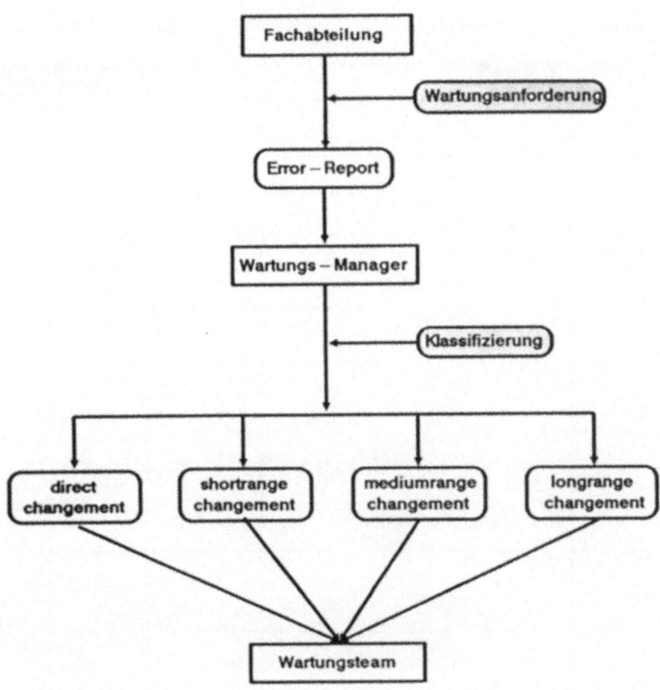

Abb. 4-8: Ablauforganisation bei Eintreffen der Wartungsanforderungen

Der Benutzer aus der Fachabteilung meldet über den Error-Report das aufgetretene Software-Problem an den Wartungs-Manager. Dieser nimmt eine Klassifizierung des Problems anhand der Wartungsklassen vor und erstellt aufgrund dieser Einordnung einen Wartungsauftrag.

Der Wartungsauftrag, der an das Wartungs-Team weitergeleitet wird, dient gleichzeitig als Kontrollinstrument, ob, von wem und in welchem Umfang die Wartungstätigkeiten duchgeführt wurden (vgl. Abb. 4-9).

Projekt-Nr	Projekt-Bezeichnung	Verfasser	Datum
			Phase
			Blatt

Teilsystem	Progr.-ID	Bezeichnung	Komponente

Änderungs-Nachweis

Bez. ____

Datum	Art und Grund der Änderung	veranlaßt von / am	durch- geführt von / am	

Abb. 4-9: Muster eines Änderungsnachweises

Desweiteren ist sicherzustellen, daß alle Änderungen in der Software dokumentiert werden, so daß spätere Wartungsarbeiten immer auf einer aktuellen Dokumentation aufbauen können. Diese Problematik stellt sich jedoch nicht für den Wartungs-Manager, da er in diesem Zusammenhang nur für den Auftrag zuständig ist und nicht für die Durchführung auf der operationellen Seite.

Hier ist die Qualitätssicherung (QS) und die Programmplanungs-Abteilung gefordert.

Von der Qualitätssicherungsseite sind Standards und Dokumentationsrichtlinien festzulegen, die im Falle einer Software-Wartung einzuhalten sind. Logischerweise gehört es damit auch in den Aufgabenbereich der QS, die Einhaltung dieser Richtlinen zu überprüfen und die Fertigmeldung einer Wartungsanforderung erst dann zu akzeptieren, wenn alle QS-Anforderungen erfüllt sind.

Zur Kontrolle der Wartungsergebnisse gehören neben der Einhaltung formaler Richtlinien, wie Dokumentation und Versionsverwaltung, natürlich auch abschließende Software-Tests. Neben den Einzeltests der gewarteten Programm-Module sind ebenfalls Integrationstests zu fahren, um so sicherzustellen, daß keine Folgefehler im Gesamtpaket entstehen.

Sind dem Wartungsauftrag entsprechend alle Arbeiten ausgeführt worden und alle QS-Aspekte berücksichtigt worden, so wird der Wartungsauftrag an den Wartungs-Manager als abgeschlossen zurückgemeldet.

In den Verantwortungsbereich der Programmplanung fallen alle Ressourcenfragen, insbesondere die termingerechte Bereit-stellung von Rechnerkapazität und Man-power für den Wartungsbereich. Nur durch eine entsprechend gute Personal-planung kann ablauftechnisch sichergestellt werden, daß Wartungsanforderungen termingerecht und effizient durchgeführt werden.

Es empfiehlt sich, aus Programmplanungssicht eine statistische Auswertung zu fahren, um so Vergleichswerte für die zeitliche Inanspruchnahme der Wartungsprogrammierer zu erhalten und um festzuhalten, welche Programmpakete die höchsten Wartungs-ressourcen binden. Diese Statistik dient daher auch als Entscheidungshilfe bei der Frage "Sanierung oder Neuerstellung". Darüber hinaus können mittlere Durchlaufzeiten von Wartungs-anforderungen erhoben werden, so daß aufgrund dieser Zahlen eine Man-power-Planung für den Wartungsbereich erstellt werden kann.

Diese Informationen sind auch für den Wartungs-Manager von Bedeutung, da seine Arbeitsaufträge für das Wartungs-Team eine Zeitschätzung beinhalten sollten.

Mit einer abschließenden Endabnahme der gewarteten Programme durch die Fachabteilung wird der ablauforganisatorische Teil jeder Wartungsaktivität abgeschlossen.

5. Das Maintenance Engineering-Modell

Als Konsequenz sämtlicher Vorüberlegungen zum Thema Entwicklung, Betrieb und Wartung von Anwendungssoftware in den vorhergehenden Kapiteln enthält dieses fünfte Kapitel das eigentliche Maintenance Engineering-Modell, das zusammen mit den Kapiteln 4 und 6 den innovativen Kern dieses Buches ausmacht.

Dabei werden in einem ersten Abschnitt die Ziele des Maintenance Engineering definiert sowie im nachfolgenden Abschnitt die Träger der Wartung von Anwendungssoftware charakterisiert. Abschnitt 5.3 behandelt Grundsatzfragen eines Phasenmodells für Wartung, wobei einerseits Grundtypen für Phasenmodelle und andererseits Qualitätssicherungsaspekte als "Querschnittsfunktion" über alle Wartungsphasen zwei Schwerpunkte dieses Abschnittes bilden. Die Phasen und Aktivitäten des Modells der Wartung von Anwendungssoftware sind Gegenstand des vierten Abschnittes ebenso wie die Unterstützung dieser Phasen und Aktivitäten mit Tools.

5.1 Ziele der Wartung

Das IEEE (Institute of Electrical and Electronical Engineers) gibt in ihrem Standard Glossary of Software Engineering Terminology folgende Definition für den Begriff Wartung :

Ändern eines Software-Produktes nach Auslieferung, um Fehler zu korrigieren, die Leistung oder andere Attribute zu verbessern oder das Produkt an eine veränderte Umgebung anzupassen.

Die schon klassische Definition von Lientz und Swanson umfaßt drei Kategorien von Wartungzielen (vgl. auch Abschn 3.2):

1   <u>Corrective Maintenance</u>

Aufdeckung und Korrektur von Softwarefehlern, Behebung von Performance-Engpässen und Korrektur von Implementierungs-fehlern.

2   <u>Adaptive Maintenance</u>

Anpassung der Software an Änderungen innerhalb der Daten-anforderungen oder der Systemumgebung.

3   <u>Perfective Maintenance</u>

Erhöhung der Performance, Steigerung der Softwarerentabilität sowie Verbesserung des Rechnerdurchsatzes und der Wartbarkeit.

In beiden Definitionen existieren die drei Hauptziele Fehlerkorrek-tur, Anpassung und Optimierung, die hier noch um zwei weitere wichtige Zielsetzungen erweitert werden sollen. Man gelangt so zu folgenden funktionalen Wartungszielen:

- Fehlerkorrektur
- Anpassung

- Optimierung

- Weiterentwicklung

- Sanierung

Betrachtet man innerhalb der funktionalen Wartungsziele deren Auslöser, so zeigen neuere Untersuchungen folgende Verteilung (Abb. 5-1; vgl. SNEED, H.: "Software", 1988, S. 48f.):

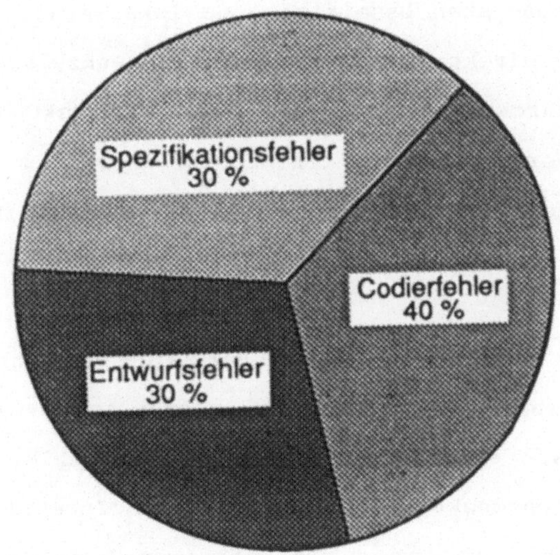

Abb. 5-1: Fehlerverteilung im Systemlebenszyklus

Man kann also sehen, daß Wartung stark von der Vorgehensweise in der System-Entwicklung abhängig ist. Durch den Einsatz eines praktikablen Software Engineering-Modells, in dem Quality-

Assurance-Aktivitäten entwicklungsbegleitend eingesetzt werden, läßt sich bereits ein Großteil der Fehler minimieren.

Setzt man gleich ein wartungsorientiertes Entwicklungsverfahren ein, das in der Spezifikation und im Entwurf die Modularisierung und klare Schnittstellenabgrenzung bezüglich der Import- und Export-Daten berücksichtigt, so ergeben sich weitere Optimierungen.

In der praktischen Fehlerbehandlung lassen sich syntaktische Codierfehler am einfachsten beseitigen und lokalisieren, da sie in Interpretersprachen direkt vom Interpreter als unzulässig oder in Compilersprachen durch den Compiler als inkorrekt ausgewiesen werden. Sie erfordern nur eine direkte Korrektur im Sourcecode, und bei Compilersprachen eine anschließende Neukompilierung sowie einen erneuten Testdurchlauf.

Bei der Auswertung von Großprojekten hat sich gezeigt, daß rund 1,5% aller in einer höheren Programmiersprache geschriebenen Statements fehlerhaft sind. Ein Drittel dieser Fehler wird nicht beim Programmtest entdeckt, so daß sie nach Inbetriebnahme des ausgelieferten Programmsystems zu den bekannten Problemen führen.

In der Praxis bedeutet das, daß z.B. ein Programmpaket 100.000 Lines of Code rund 1500 Fehler enthält. Betrachtet man daneben die durchschnittliche Fehlerverteilung (30% Spezifikations-, 30% Entwurfs- und 40% Codierfehler), so ergeben sich für dieses Beispiel 450 Spezifikations-, 450 Entwurfs- und 600 Codierfehler.

Je früher in der Software-Entwicklung ein Fehler entdeckt wird, desto kostengünstiger kann er beseitigt werden. Die folgende Abb. 5-2 veranschaulicht dieses Aufwand-Zeit-Verhältnis.

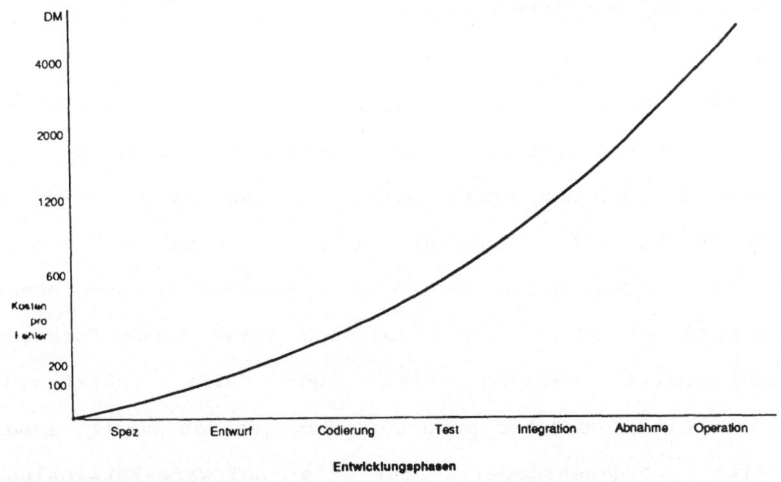

Abb. 5-2: Kosten der Fehlerbehebung

Quelle : SNEED, H.M.: "Software", 1988, S. 47

Um dieses Faktum in eine Kostenkalkulation einzubeziehen, schlägt Sneed vor, Spezifikationsfehler mit 50, Entwurfsfehler mit 20 und Codierfehler mit 5 zu gewichten. Legt man nun einen Grundpreis von 25 DM pro Statement fest, so kostet die Beseitigung eines Spezifikationsfehlers 1250 DM, eines Entwurfsfehlers 500 DM und eines Codierfehlers 125 DM.

Die reine Fehlerbehebung eines 100.000 Statements umfassenden Programmpaketes würde demnach 287.000 DM kosten (vgl. SNEED, H.M.: "Software", S. 48ff.).

Dieses Beispiel rechnet sich aber nur, wenn man von einer idealen Software-Entwicklung ausgeht, wenn also alle Regeln des modernen Software Engineering berücksichtigt wurden, was leider in den seltensten Fällen der Realität entspricht.

Zu rund 75 bis 80% der existierenden Software gibt es inkonsistente Spezifikations- und Entwurfsunterlagen. In der Praxis heißt das, daß entsprechende Wartungsaktivitäten so gut wie nie in Spezifikation und Entwurf nachgeführt wurden. Das hat meist zwei ursächliche Gründe. Zum einen fehlen ganz einfach entsprechende Unterlagen, da einmal mehr unter Mißachtung aller guten Vorsätze sofort programmiert worden ist und die "lästigen" Dokumentationsarbeiten verschoben wurden. Zum anderen werden immer noch zu selten Vorgehensmodelle für die Software-Entwicklung eingesetzt.

Bezugnehmend auf die oben erwähnten Kosten für die Beseitigung von Fehlern bedeutet das natürlich, daß mit weitaus höheren Kosten zu rechnen ist als der Idealansatz ausweist.

Die Wartbarkeit von Software sollte bereits in der System-Entwicklung berücksichtigt werden. Martin und McClure verstehen unter Wartbarkeit dabei (MARTIN, J.; MCCLURE, C.: "Maintenance", 1983, S. 43):

Die Leichtigkeit, mit dem ein Softwaresystem korrigierbar ist, falls Fehler oder Mängel auftauchen sowie die Problemlosigkeit, mit der es erweitert oder gekürzt werden kann, um neue Anforderungen zu erfüllen.

Das bedeutet für die wartungsgerechte Software-Entwicklung, daß von der Spezifikation über den Entwurf bis hin zu Codierung und Test größtmögliche Modularisierung und exakte Dokumentation erforderlich sind.

In der Praxis bedeutet das den Einsatz eines Phasenmodells, die Festlegung einer Entwurfsmethode, die Erstellung von Programmier-Richtlinien, die Festlegung von Dokumentationsformaten, die gemeinsame Verwaltung von Dokumenten und Programmen auf der Entwickler-Hardware, das Führen eines Data-Dictionary, die Erstellung von Testdatensätzen, der Aufbau einer Teststrategie und die Versionsverwaltung, um nur die wichtigsten Punkte zu nennen.

Die Durchführung der oben angeführten Aktivitäten bleibt trotzdem erfolglos, wenn die notwendige Management-Attention fehlt. Eine Stelle für Software-Entwicklungsmethodik, Qualitätssicherung und Wartung darf nicht, wie in den meisten Unternehmen, als Stabstelle geführt werden, da ihr sonst die Durchsetzungsmöglichkeit fehlt und so die erarbeiteten Hilfen als gute Ratschläge abgetan werden und nie zur Ausführung kommen (vgl. auch Kapitel 6.1 zur aufbauorganisatorischen Verankerung der Qualitätssicherung).

Strebt man eine optimale Lösung der oben aufgeführten Probleme an, so bietet es sich an, ein rechnergestütztes Software-Entwicklungstool einzusetzen. Mit einem CASE-Tool ist garantiert, daß vorgegebene Standards eingehalten werden und so Ergebnisse erzeugt werden, die den Anforderungen der Qualitätssicherung entsprechen und die Wartung effizient machen.

Boehm (vgl. BOEHM, B.W.: "Software Maintenance", 1984, S. 21) zeigt prozentuale Produktivitätssteigerungen auf, die durch den Einsatz der in der folgenden Abbildung 5-3 festgehaltenen Hilfsmittel erreicht werden kann. Für den Einsatz eines CASE-Tools werden von ihm ca. 16% veranschlagt, wobei weitaus höhere Produktivitätssteigerungen möglich sein sollten.

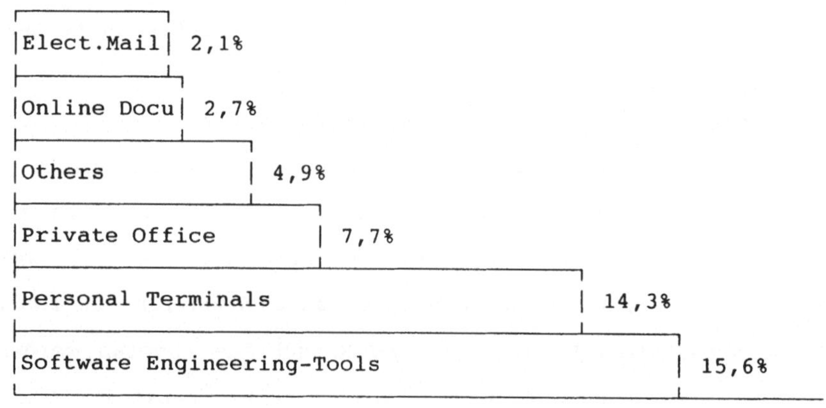

Abb. 5-3: Produktivitätssteigerungen bei Einsatz verschiedener Tools und Maßnahmen

Es soll nicht verschwiegen werden, daß die Einführung von Standards und der Einsatz von Tools nur in Verbindung mit einer entsprechenden Schulung sinnvoll ist. Eine erkennbare Produktivitätssteigerung kann daher i.d.R. frühestens nach einem halben Jahr nach absolvierter Schulung sichtbar werden, vorher wird die Produktivität eher geringer.

Es gilt hier das Verständnis des DV-Managements zu wecken und von der gewohnten Kurzzeitplanung auf eine mittelfristige Planung umzusteigen. Ein durch die Schulung verursachter kurzfristiger Produktivitätsrückgang sollte mittelfristig betrachtet werden, denn er macht sich spätestens im nächsten Projekt bezahlt. Sind Methoden und Tools erst einmal geschult und eingesetzt, so ist langfristig eine Effizienzsteigerung sichergestellt. Ein weiteres Plus zeigt sich bei der Einarbeitung neuer Mitarbeiter. Benutzt man Standards und Tools, kann sofort eine Schulung durchgeführt werden, die den neuen Mitarbeiter in kürzester Zeit zu einem vollwertigen Teammitglied macht, da alle mit denselben Werkzeugen arbeiten und damit sämtliche Schnittstellen und Verfahren bekannt sind.

In einem modernen Wartungskonzept existieren gleichberechtigt neben den funktionalen Zielen noch andere Wartungs-Ziele auf der operationalen und der kommerziellen Seite :

- Erhaltung der Einsatzfähigkeit
- Sicherstellung des Software-Qualitätsstandards der gewarteten Applikationen

- Verlängerung der Softwarenutzungsdauer

- Sicherung der Software-Investitionen

- Reduzierung der Wartungskosten

- Ressourceneinsparung in der Wartung für die Entwicklung

- Aktualität und Konsistenz in der Dokumentation

    - für den Benutzer / für den Wartungsexperten

    - für die Qualitätssicherung

    - für die Revision

- Erarbeitung einer Entscheidungsgrundlage für die Programm-
  Sanierung

- Erhöhung der Migrationsfähigkeit

Nur die Berücksichtigung aller genannten Zielsetzungen kann für die
Zukunft eine Lösung darstellen, da steigende Manpower-Kosten und
langfristige Ressourcenknappheit in erheblicher Weise Einfluß auf
die Gesamtkalkulation des DV-Budgets nehmen, wobei sich für die
Aufwandverteilung folgendes Bild ergibt (vgl. Abb. 5-4).

Wartung wurde lange Zeit als reine Fehlerkorrektur und
Funktionsänderung verstanden, so daß sich die "Wartungsmisere"
immer mehr zuspitzte. Wartung war zur Softwarereparatur degradiert.
Es entstanden "Softwarefriedhöfe", da Programm-Modifikationen weder
dokumentiert noch die Entwurfsunterlagen entsprechend abgeändert
wurden.

Aus Sicht der Software-Qualität verschlechterte sich ein Software-
Paket durch jeden Wartungseingriff bis hin zu einem
undurchsichtigen Gewirr von Statements und Umgehungslösungen, in

dem niemand mehr in der Lage ist, die volle Funktionalität zu verstehen. Man steht hier häufig vor der Frage, inwieweit weitere Wartungsschritte überhaupt noch zu verantworten sind und ob die Kosten für diese Wartungsarbeiten noch gerechtfertigt sind.

Aufgrund der durch vorherige Wartung entstandenen erhöhten Programmkomplexität erfordert jeder weitere Eingriff einen kaum vertretbaren Zeit- und Kostenaufwand. Bereits 1976 berichteten DeRoze und Nyman (vgl. DEROZE, B.C:; NYMAN, T.H.: "Software", 1978) davon, daß 60 bis 70% der Softwarekosten des US Departments of Defense für die Wartung ausgegeben wurden. Mills (vgl. MILLS, H.: "Development", 1976) schätzte, daß ca. 75% des gesamtem DV-Personals für die Wartung eingesetzt wird.

Bezogen auf große Software-Systeme fließen höchstens 1/4 bis 1/3 der Lebenszykluskosten in die reine Entwicklung. Der überwiegende Teil der Kosten wird für die Wartung ausgegeben.

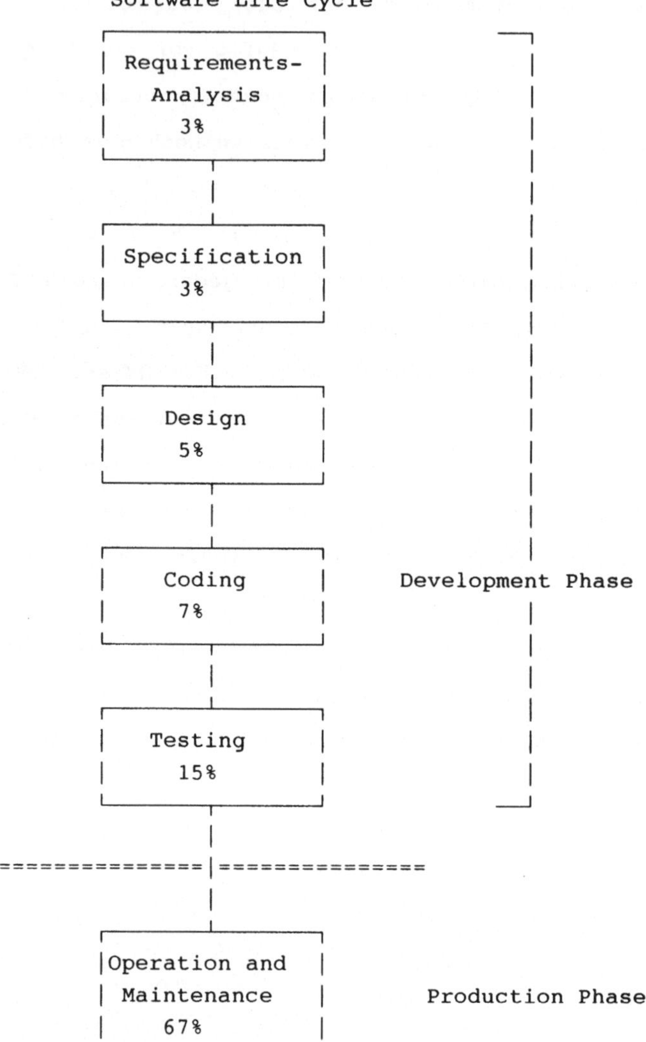

Abb. 5-4: Aufwandverteilung im Software-Lebenszyklus

Quelle : MILLS, H.: "Development", 1976

Zieht man in Betracht, daß die Kosten der Wartung 67% der Gesamtkosten eines Software-Produktes betragen, so ist es von der betriebswirtschaftlichen Seite aus gesehen das oberste Ziel, diese Kosten in den Griff zu bekommen. Hier kann jedoch nur ein strukturierter Ansatz helfen, der es überhaupt ermöglicht, Kostenzuordnungen vorzunehmen und aktivitätenbezogen zu berrechnen. Nur eine exakte Auflistung aller durchzuführenden Aktivitäten kann dabei helfen, Verfahrensprobleme zu erkennen und kostensenkende Maßnahmen einzuleiten.

Die zu realisierende Zielsetzung ist in diesem Fall die genaue Planung und Kontrolle sowie die Definition aller notwendigen Aktivitäten innerhalb eines Wartungsauftrages.

Die Ziele der Wartung lassen sich also von zwei unterschiedlichen Ebenen aus betrachten. Auf der rein funktionalen Ebene geht es primär darum, den Lebenszyklus und damit die Einsatzfähigkeit der einmal entwickelten Software zu verlängern. Auf Ebene der Kosten und Ressourcen liegt das Ziel darin, die in der Wartung gebundenen Mitarbeiter für neue Entwicklungen frei zu bekommen. Es gilt also hier die Faustregel :

$$\text{Einsparungen in der Wartung} = \text{Zugewinn an Entwicklerkapazität}$$

Diese einfache Gleichung leuchtet ein, da in der Regel die qualitativ besten Entwickler zu 80% in der Wartung gebunden sind. Angesichts des sich ständig erhöhenden Anwendungsstaus und des auch für die nächsten 10 Jahre prognostizierten Unterangebotes an Informatikern kann nur durch Einsparung an Wartungsressourcen Entwicklerkapazität freigesetzt werden. Darum muß Wartung professionell gemanagt werden.

5.2   Träger der Wartung von Anwendungs-Software

Wie schon im vorherigen Kapitel angesprochen, können aufgrund der begrenzten DV-Personalressourcen Entwicklung und Wartung nicht abgedeckt werden, wenn die Eskalation der Wartungsprobleme sich wie in der Vergangenheit weiterentwickelt.

Hauptträger der Wartung sind derzeit die DV-Entwicklungsabteilungen, die Softwarehäuser und die Systemberatungen der DV-Hersteller, da nur hier das Know-how aus der Systementwicklung zu finden ist. Bei teilweise gleichbleibendem oder sogar stagnierendem Hardwareumsatz steigen deutlich die Umsatzraten für Organisationsberatung und Software-Entwicklung.

Es gibt heute drei unterschiedliche Ansätze der Software-Versorgung eines Unternehmens :

1   Einsatz reiner Standard-Software (<u>Solution Software</u>)

2   Anpassung von Standard-Software (<u>Customizing</u>)
   -   durch das Unternehmen selbst
   -   durch den Softwarelieferanten
   -   durch ein Softwarehaus

3   Entwicklung von Individual-Software (<u>IS-Development</u>)
   -   durch das Unternehmen selbst
   -   durch ein Softwarehaus

Bei Einsatz reiner Standard-Software ensteht die Schwierigkeit, daß bestehende Betriebsabläufe an die Funktionen der Standardlösung angepaßt werden müssen, so daß man zur gewünschten Abbildungsidentität von Software und realer Betriebswelt gelangt.

<table>
<tr><td>Standard-Software</td><td><=======</td><td>Änderung der
realen
Betriebswelt</td></tr>
</table>

Bei Anwendung dieser Lösung fällt das Problem der Wartung innerhalb des Unternehmens weg. Durch Einkauf neuer Releases des Softwarelieferanten werden hier alle Wartungsaspekte ausgelagert. Diese Lösung bietet sich vor allem im kommerziellen Bereich für kleinere Anwender an, die keine eigene Entwicklungsabteilung besitzen.

Es ist leider selten einfach, betriebliche Abläufe zu ändern. Gerade im Fertigungsbereich, z.B. bei CIM-Software, ist eine Anpassung oft gar nicht realisierbar, will man ein Unternehmen nicht ruinieren und inoperabel machen. In solchen Fällen kann zwischen den Alternativen Standard-Software inkl. Anpassung und reiner Individual-Software gewählt werden.

Individual-Lösungen sind vom Zeit- und Kostenaufwand nur von sehr großen Unternehmen tragbar. Darüber hinaus sollten solche Projekte nur dann angegangen werden, wenn bereits ein hochqualifiziertes DV-

Team im Unternehmen vorhanden ist. Dieses DV-Team ist dann in der Regel auch für die Software-Wartung zuständig. Organisatorisch ideal wäre es, wenn bei Großprojekten ein eigenständiges Wartungs-Team zum Einsatz käme, dessen Mitglieder abwechselnd durch job-rotation zugeteilt würden. Eine solche Konstruktion würde sicherlich eine häufig entstehende Frustration verhindern, "nur noch" Wartungs-Programmierer zu sein (vgl. zu diesem Thema Abschnitt 4.1).

Eine durch Zeit- und Kostengründe motivierte, häufig angetroffene Lösung stellt die Anpassung von Standard-Software dar. Hier wird ein bestehendes Anwendungs-System als Basis gewählt und auf die speziellen Belange des einzelnen Unternehmens angepaßt.

Für diesen Fall sind drei Wartungsträger denkbar. Zum einen das eigene DV-Team, das mit der Anpassung betraut worden ist, der Hersteller der Standardsoftware oder auch ein Softwarehaus.

Ein solches Vorgehen kann allerdings, wie sich häufig zeigt, eine Menge Probleme mit sich bringen. Wird die Anpassung nicht vom Hersteller der Standard-Software gemacht oder zumindest überwacht, so kann es zum "Chaos" führen. Nach den ersten Änderungen läuft dann oft nichts mehr, weder Standard noch Anpassung. Der Hersteller kann für solche Fälle verständlicherweise auch keine Haftung übernehmen, da unkontrollierte Eingriffe in seinem System vorgenommen wurden.

Oft sind auch die vom Hersteller zur Verfügung gestellten Dokumentationen nicht ausreichend, um allein aufgrund dieser Informationen Anpassungen vornehmen zu können. Ein weiterer Nachteil ist eindeutig darin zu sehen, daß vom Hersteller angebotene neue Releases nicht verwendet werden können, da sonst die durchgeführten Änderungen verlorengehen. So geht der vordergründige Vorteil ein Basissystem gekauft zu haben sehr schnell verloren, da dieses System allen Anpassungen und Ergänzungen seine Logik aufdrängt, die nicht immer einleuchtend oder verständlich sein muß.

Alle Wartungsaktivitäten sowie eventuelle spätere Release-Anpassungen liegen somit beim Anpassungsteam.

5.3   Grundsatzfragen eines Phasenmodells für die Wartung

Seit 1956 befaßt man sich mit Phasenmodellen für die Software-
Entwicklung (BENINGTON, H.D.: "Production", 1956, S. 15ff.),
wobei sich bis heute kein Modell richtig durchsetzen konnte und
so in vielen Unternehmen Phasenmodelle als "technologisches
Alibipapier" im Schrank des DV-Leiters zu finden sind.

Die Phasenmodelle sind dabei nach einem gleichbleibendem Schema
aufgebaut, in dem sich meist nur die Bezeichnung der Phasen und die
Eingruppierung der Aktivitäten in den einzelnen Phasen
unterscheidet (vgl. hierzu auch Abschn. 2.2).

Grundsätzlich hat ein Vorgehensmodell also die Funktion, die
Software-Entwicklung in unterschiedliche Abschnitte (Phasen)
aufzuteilen und diesen Phasen entsprechende Aktivitäten zuzuordnen.
Neuere Modelle besitzen darüber hinaus Checkpunkte, sogenannte
Meilensteine, am Ende einer jeden Phase, an denen zu prüfen ist, ob
die durchzuführenden Arbeiten abgeschlossen worden sind und somit
der Eintritt in die nächste Entwicklungsphase stattfinden kann.

Vereinfacht gesagt, findet der Entwickler in allen Modellen einen
Lösungsansatz für die Fragen :

- Was ist zu tun ?
- Welche Resultate sind für die kommenden Arbeiten Voraussetzung ?

Betrachtet man die Entwicklung der Phasenmodelle, so findet man
sechs unterschiedliche Grund-Modelle (vgl. auch Abschnitt 2.2):

- code- and fix-model

- stagewise model

- waterfall model

- evolutionary development model

- transform model

- spiral model

(BOEHM, B.W.: "Development", 1988, S. 61ff.)

In fast allen Modellen findet man die Software-Wartung entweder als
letzte Entwicklungsphase oder angehängt an das Entwicklungsmodell,
so daß man von folgendem schematischen Aufbau ausgehen kann (vgl.
Abb. 5-5):

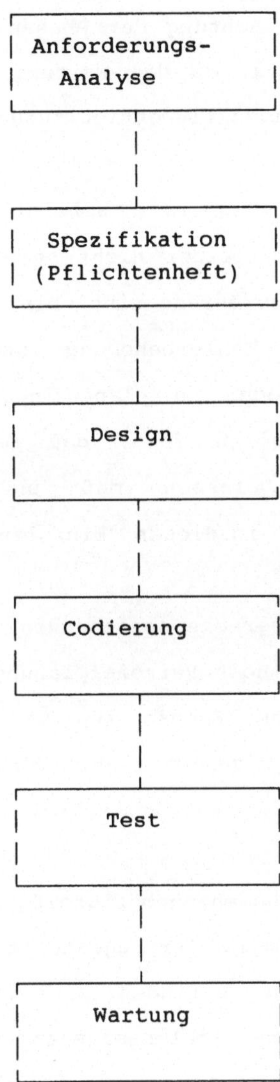

Abb. 5-5: Grundraster der Phasenmodelle

Stellt man die Betrachtung der Phasen in den Vordergrund, so ist meist nur strittig, ob die Wartung noch zur Entwicklung gehört oder bereits dem Produktivbetrieb zuzuordnen ist.

Daß Wartung notwendig ist, scheint somit keiner in Frage zu stellen, was jedoch leider nicht heißt, daß es auch entsprechende Ansätze zu deren Ausführung gibt. Die Wartung wird häufig nur unter dem Aspekt der Fehlerbehebung und damit als Einzelaktion betrachtet, die weder zu planen noch zu organisieren ist. Man stellt jedoch täglich fest, daß man sich mit vielen dieser "Einzelaufgaben" befassen muß und das bis zu 80% der Entwicklerkapazität in diesen "Einzelaufgaben" gebunden ist.

Da der Überblick über die anstehenden Wartungsanforderungen fehlt, können weder Zeit- noch Personalplanung für die Wartungstätigkeiten durchgeführt werden. Ebenso ist es so gut wie unmöglich, ohne Überblick über die gesamten Anforderungen eine Prioritätenvergabe vorzunehmen.

Doch zurück zur Phasenzugehörigkeit. Lehman behauptet, daß große Programmpakete niemals fertiggestellt werden können und sich in ständiger Entwicklung befinden. Eine vollständige Spezifikation ist damit im ersten Entwicklungsansatz so gut wie unmöglich (vgl. SCHNEIDEWIND, N.F.: "Maintenance", 1988, S. 304).

Das eigentliche Entwicklungsziel verändert sich über die Zeit laufend und Wartung wird zu kontinuierlicher Arbeit. Lehmann schlägt daher vor, den Begriff Wartung (Maintenance) durch den Ausdruck Programm-Evolution (program evolution) zu ersetzen, um diesem Sachverhalt gerecht zu werden. Will man diese Meinung teilen, so ist jede Änderung, wie auch der gesamte Änderungsprozeß, Bestandteil der Entwicklung und damit aller Phasen des Software-Lebenszyklus.

Konsequenz hieraus ist, dann aber auch zu erkennen, daß nicht wie bisher, unter Aufbietung aller verfügbaren Ressourcen, eine 100%-Lösung in die Spezifikation einzubringen ist, sondern das vielmehr angestrebt werden soll, ausgehend vom Systemdesign ein klares Modulkonzept zu erstellen, das es erlaubt, Module problemlos zu ändern, zu erweitern und neu einzufügen. Das erfordert wiederum eine klare Analyse der Modulstruktur, deren Resultat eine sinnvolle Trennung globaler Anforderungen in Einzelanforderungen sein muß.

Grundtypen der Phasenmodelle für Wartung

Trägt man diesen Gedanken weiter, so gibt es zwei Möglichkeiten Wartungskonzepte zu erstellen. Die erste ist die Erstellung eines Entwicklungsmodells, das permanent durchlaufen wird und so neue Anforderungen im Sinne des "stepwise refinement" miteinbezieht.

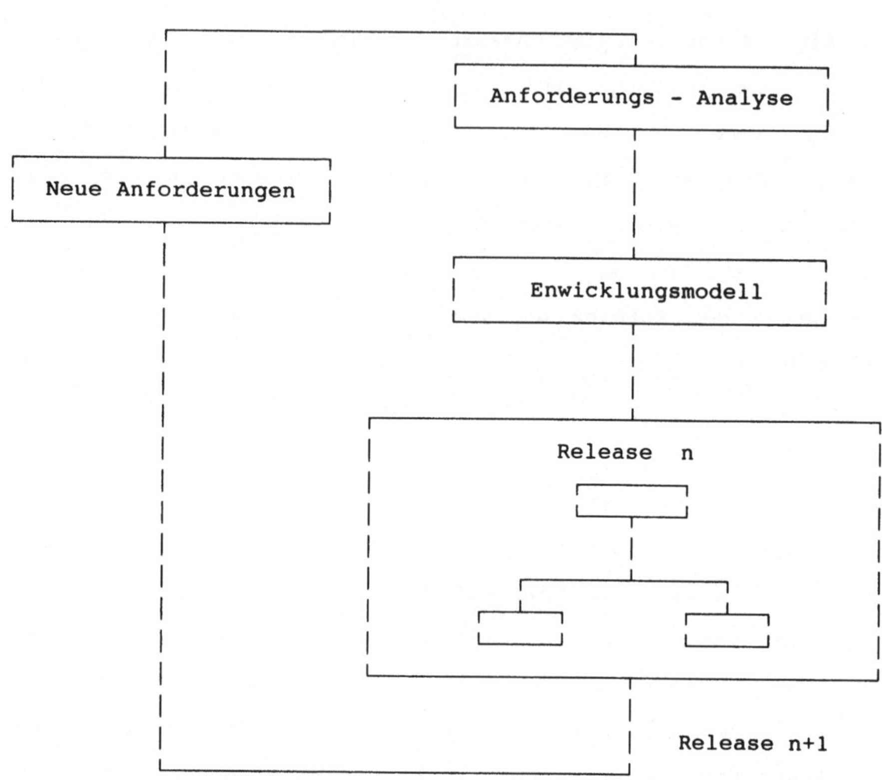

Abb. 5-6: Wartungsmodell im Sinne des stepwise refinement (Typ 1)

Die Abbildung 5-6 zeigt den schematischen Aufbau eines nach der stepwise refinement Idee arbeitenden Modells und besitzt bei näherer Betrachtung einige wesentliche Nachteile :

- Das Vorgehensmodell beschreibt genau den Prozeß, den man mit Einsatz von Software-Entwicklungsmodellen abschaffen wollte. Das bedeutet, man kommt nie zu einem definierbaren Projektabschluß.

- Es beinhaltet Aktivitäten, die nur für die reine Neuentwicklung notwendig sind.

- Es geht von einer freien Datenmodellierung aus, die nur bei der erstmaligen Erstellung eines Software-Systems möglich ist.

- Es beschreibt einen organisatorischen Ablauf (Projekt-Management), der nicht auf die speziellen Situationen der sporadisch eintreffenden Wartungsanforderungen ausgelegt ist.

- Es empfiehlt eine Aufbauorganisation, die in der Wartungs-Situation ungeeignet ist.

Betrachtet man neben der funktionalen Seite auch die kommerzielle Durchführbarkeit eines solchen Systems, so ist offensichtlich, daß mit einem derartigen Modell keine Festgeldprojekte realisierbar sind. Für diese Art des Projektgeschäftes, das von Softwarehäusern und Beratungsfirmen betrieben wird, fehlt eine solide Vertrags-grundlage.

Eine Fixierung des Entwicklungsumfanges ist aufgrund der zulässigen Erweiterung der Anforderungen nicht möglich. Fehlt diese Größe,

können keinerlei Zusagen über Fertigstellungstermine und Kosten gemacht werden, so daß ein praktischer Einsatz in Frage gestellt
werden muß.

Der zweiten Möglichkeit eines Wartungskonzeptes liegt die
Überlegung eines selbständigen Vorgehensmodells zugrunde, das auf
die speziellen Belange der Wartung ausgelegt ist und über ein
eigenes Change-Management, ähnlich dem Projekt-Management im
Entwicklungsmodell, operabel wird (vgl. Abb. 5-7). Dieses Modell
ist nach Meinung der Verfasser die beste Lösung für das
existierende Wartungs-Problem und wird daher ausführlich in
Abschnitt 5.4 dieses Buches behandelt.

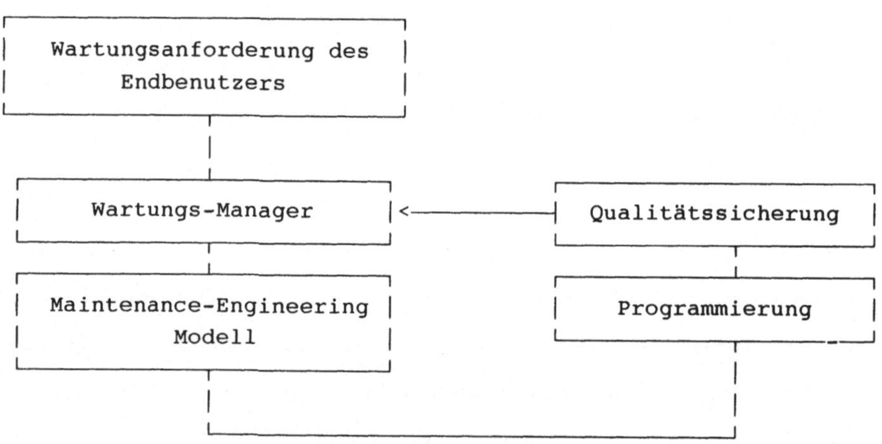

Abb. 5-7: Wartungskonzept als selbständiges Vorgehensmodell (Typ 2)

Mit Hilfe dieses Modells ergibt sich folgendes Bild für eine neue Software-Life-Cycle Betrachtung (vgl. Abb. 5-8 sowie Abb. 2-6 in Abschnitt 2.5):

```
  ┌─────────────────────┬───────────┬──────────────────────
  │ Entwicklung mit      │           │ Wartung mit
  │ wartungsgerechtem    │ System-   │ einem speziellen
  │ Phasenmodell         │ Abnahme   │ Wartungsmodell
  ├─────────────────────┴───────────┴────────────────────────>
  │
Projektstart                                    Zeitachse
```

Abb. 5-8: Phasenmodelle im Software-Lebenszyklus

Der oben dargestellte Ablauf zeigt die Idealvorstellung des Software-Life-Cycle. Die Systementwicklung wird mit Hilfe eines wartungsgerechten Vorgehensmodells (Phasenmodells) durchgeführt. Nach Abschluß der Entwicklungsarbeiten wird die neue Software-Applikation in einem Zeitraum qualifiziert, den wir hier mit System-Abnahme bezeichnen. Hierzu werden alle Entwicklungs-unterlagen, wie Pflichtenheft, Gesamtentwurf, Modulentwurf, Programmbeschreibungen, Datenbeschreibungen, Testdatensätze, Dokumentation und das Source-Coding an die Qualitätssicherung übergeben und eine entsprechende Endkontrolle durchgeführt. Nachdem ein neues Softwarepaket diese Qualifizierung durchlaufen hat, werden alle weiteren Arbeiten an diesem System mit Hilfe des Wartungsmodelles durchgeführt und gehen in die Verantwortung des Wartungs-Managers über.

Für die Realisierung der Wartungsarbeiten auf Programm- und Dokumentationsebene sind zwei Varianten denkbar. Bild 5-7 zeigt die Einbindung der Entwicklergruppe in die operationalen Wartungsarbeiten. Eine Kostenverrechnung für die geleisteten Wartungstätigkeiten an die Entwicklergruppe erfolgt hierbei aus einem eigenen Wartungsbudget und läßt sich so innerhalb der internen Kostenrechnung gut kontrollieren.

Alternativ dazu kann für jedes Applikationspaket ein festes Wartungsteam als spezielle Supportgruppe aufgebaut werden. Diese Lösung empfiehlt sich insbesondere bei Softwaregroßprojekten, bei Projekten unter Beteiligung von externen Softwarehäusern oder bei der Entwicklung von Standardprodukten durch DV-Hersteller.

Ein eigenständiges Wartungsteam hat den Vorteil, daß bei Verbundprojekten nicht eine Know how-Konzentration an einer Stelle erfolgt, sondern daß das Wissen gleichmäßig auf alle Partner verteilt wird. Sollten sich ursprüngliche Partner aus der Weiterentwicklung zurückziehen, so kann die Wartung und auch die Releasefortführung von diesem Wartungsteam übernommen werden.

Der Aufbau eines solchen Wartungs- bzw. Supportteams stellt jedoch auch eine Kostenfrage dar. Vor allem Softwarehäuser und DV-Hersteller, die ihre Software-Produkte in nationalen Competence-Centern entwickeln und international einsetzen wollen und für die sich die Problemstellung ergibt, auf nationalen Märkten größere Kundenkontingente zu betreuen, aber auch für multinationale Unternehmen, scheint die Lösung angebracht, nationale Wartungs- und

Supportteams aufzubauen, um sowohl das Standardprodukt zu warten als auch individuelle "Kundenbetreuung" vor Ort durchführen zu können.

Die Vermittlung des Entwicklerwissens stellt ein nicht zu vernachlässigendes Problem dar. Der günstigste Fall wäre, wenn sich das Wartungsteam aus einer kleineren Gruppe ehemaliger Entwickler des Produktes zusammensetzen ließe. Das ist in der Regel jedoch nicht möglich, da diese hochqualifizierten Mitarbeiter aufgrund der vorhandenen Ressourcenknappheit in neuen Projekten eingesetzt werden müssen. Ein guter Ansatz für internationale Entwicklungen ist daher die eigenständige Nationalisierung von Standardprodukten, die in anderen Filialen entwickelt wurden. Neben den Aufgaben der Nationalisierung, wie Anpassung und Übersetzung an regionale Terminologie, von Software und Handbüchern, kann durch dieses spezielle Wartungsteam ebenso direkter Kundensupport, trouble-shooting und ein hot-line-service angeboten werden, da durch die Umstellungsarbeiten fundierte Kenntnisse über das Produkt gewonnen werden.

Maßnahmen zur Qualitätssicherung

Die Grundsatzfragen eines Phasenmodells für die Wartung, soweit sie die Qualitätssicherung betreffen, sollen an dieser Stelle angerissen werden, ohne allerdings der eigentlichen Behandlung der Qualitätssicherung in Kapitel 6 zu stark vorzugreifen.

Um Qualitätssicherung zu betreiben, ist es zuerst notwendig Qualitätsmerkmale zu definieren, die als Maßstab für die Software-Qualität dienen können. Folgt man hier der Literatur so findet man folgende Qualitätskriterien (SNEED, H.M.: "Management", 1987, S. 97):

Qualitätsmerkmale des Fachkonzeptes:

- Vollständigkeit (funktional und informationell)
- Konsistenz (Datenmodell und Funktionsmodell)
- Plausibilität (Rechenbarkeit)
- Fachliche Korrektheit

Qualitätsmerkmale des Systementwurfs:

- Modularität (Programme und Daten)
- Flexibilität (Anwendungsunabhängigkeit)
- Portabilität (Maschinenunabhängigkeit)
- Sicherheit (Fehlerbehandlung)
- Integrität (Datenschutz und -sicherung)

- Verfügbarkeit (Wiederherstellbarkeit)
- Effizienz (Speicher- und Laufzeitbedarf)

Qualitätsmerkale der Programme:

- Korrektheit (Übereinstimmung mit der Vorgabe)
- Zuverlässigkeit (Absenz von Fehlern)
- Wartbarkeit (Pflegeleichtigkeit)
- Ausbaufähigkeit (Anschlußfähigkeit)
- Effizienz (Größe und Geschwindigkeit)
- Bedienbarkeit (Qualität der Benutzerschnittstellen)
- Normierung (Einhaltung der Normen)
- Strukturiertheit (strukturierte Programme)

Die zuvor aufgeführten Kriterien sind sehr allgemeiner Natur und stellen daher nur ein Grobraster der Qualitätsmerkmale dar. Wichtige Einflußfaktoren, die erst eine Verfeinerung dieser Kriterien ermöglichen, sind das betriebliche Umfeld, die Verwendung und die Substitutionsmöglichkeit der Software.

Qualitätskriterien lassen sich nur allgemein definieren, da die genannten Einflußfaktoren in den unterschiedlichsten Formen, Branchen und Kombinationen auftreten können. So sind sicherlich die Qualitätsanforderungen an ein Softwaresteuersystem eines Verkehrsflugzeuges kritischer als die Anforderungen an ein Finanzbuchhaltungssytem. Das bedeutet aber nicht, daß in einigen Software-Systemen der Anspruch auf Qualität total außer acht gelassen werden sollte.

Jedes Unternehmen sollte daher einen individuellen Katalog seiner Qualitätsanforderungen zusammenstellen. Im Bereich der Fertigungsindustrie sind Qualitätssicherungsmaßnahmen bereits seit langem im Einsatz, da nur qualitativ hochwertige Produkte die Firmen verlassen sollen. In bezug auf die Software tut man sich an manchen Stellen noch recht schwer. Es sollen hier daher einige praktische Ratschläge gegeben werden, wie man für die eigene und auch für gekaufte Software Qualitätsmaßstäbe definieren kann.

Ein Softwarepaket besteht in der Regel immer aus mehreren Einzelprogrammen und Funktionsbereichen. Hieraus leitet sich ein erstes QS-Merkmal ab, die Modularisierung. Je besser und sinnvoller ein Programmpaket modularisiert ist, desto besser kann es verstanden werden und desto besser läßt es sich später warten. Ein weiteres wichtiges QS-Merkmal ist die Dokumentation. Sie muß vollständig vorliegen und in verständlicher klarer Weise abgefaßt sein. Zur Dokumentation gehören eine allgemeine funktionale Beschreibung der Systems, die Programmbeschreibungen für den Softwarespezialisten und den Endbenutzer (Benutzerhandbücher), die vollständigen und passenden Entwurfsunterlagen, sofern die Software im eigenen Unternehmen weiterentwickelt werden soll, eine Beschreibung der Datenorganisation und ein Operator-Handbuch.

Will man selber Software entwickeln, so stellt sich die Qualitätssicherung noch in einem ganz anderen Licht dar. Hier sollte die QS als eine entwicklungsbegleitende Tätigkeit angesehen werden. Im Rahmen eines Software Engineering-Modells sollten am Ende jeder Entwicklungsphase in einem "QS-Review" alle bis zu diesem Zeitpunkt erstellten Arbeitsergebnisse auf ihre Qualität und Weiterverwendbarkeit überprüft werden. Um auch in diesem Fall geeignete QS-Kriterien als Maßstab anlegen zu können, sind zuvor von den QS-Verantwortlichen Standards vorzugeben, an denen sich die Entwickler orientieren können. Standards für die Programmentwicklung sind unter anderem :

- Vorgabe des Inhaltes einer Projektzieldefinition
- Vorgabe der Gliederung eines Pflichtenheftes
- Festlegung und Beschreibung eines Entwurfsverfahrens, möglichst eines Verfahrens, das die strukturierte Programmierung direkt unterstützt
- Festlegung der Dokumentationsrichtlinien für "in-code" und "Papier-Dokumentation"
- Vorgabe von Programmierrichtlinien
- Festlegung von durchzuführenden Testverfahren, inklusive Testdatenerstellung
- Festlegung eines Abnahmeverfahrens zur Programmfreigabe für die Produktion

Auch Sneed betrachtet die Fragen der Software-Qualität aus der Sicht des Konsumenten (Anwenders) und es Produzenten (Entwicklers) und gibt wählt folgende Aufteilung (vgl. Abb. 5-9):

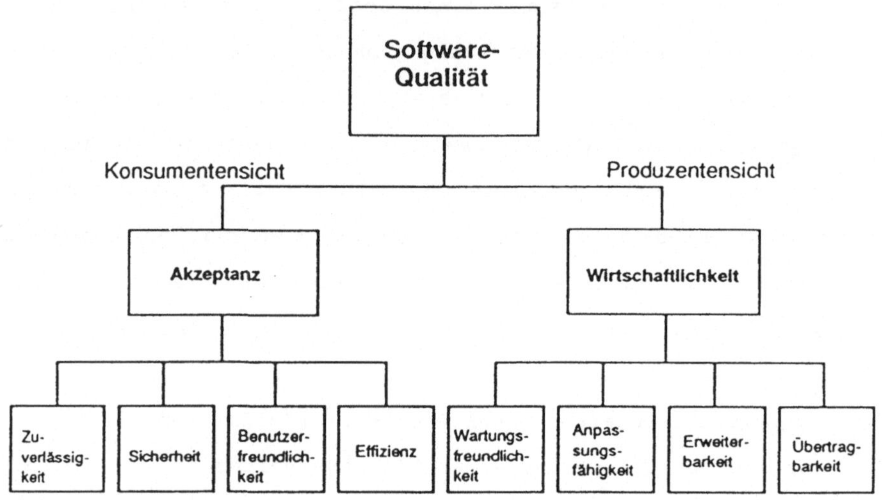

Abb. 5-9: Software-Qualitätskriterien

Quelle : SNEED, H.M.: "Management", 1987, S. 99

Die Qualitäts-Sicherung stellt eine permanente, phasenübergreifende Aktivität im Rahmen der Software-Entwicklung dar und ist gleichbedeutend in einem Vorgehensmodell für die Wartung zu sehen (vgl. Abb. 5-10).

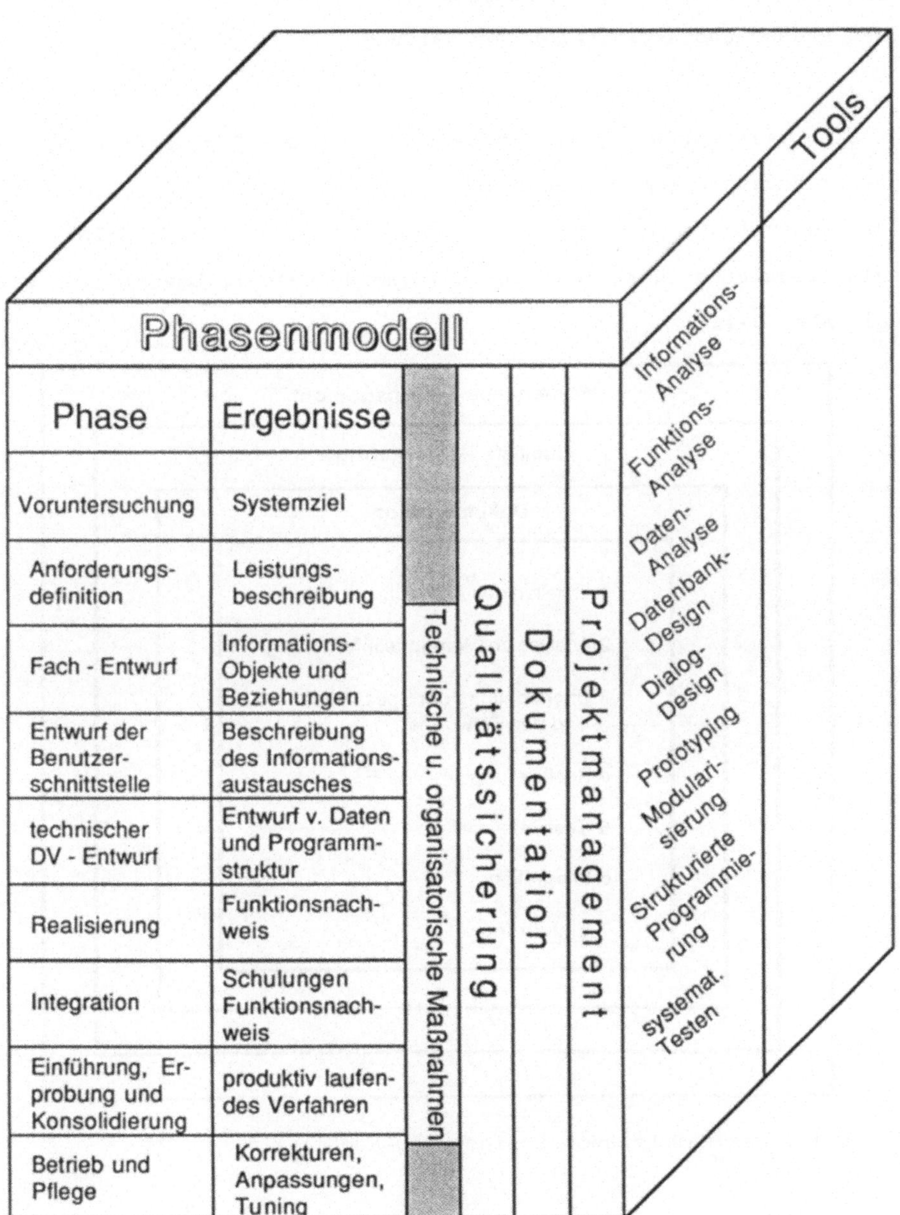

Abb. 5-10: Software Engineering-Modell

5.4 Phasen und Aktivitäten der Wartung

Hat sich seit einiger Zeit der Begriff Software Engineering für den Entwicklungszeitraum eingebürgert (vgl. auch Abschn. 2.5), so wurde hier äquivalent dazu für die Wartung der Begriff Maintenance Engineering eingeführt, das durch folgendes Modell beschrieben wird (vgl. Abb. 5-11):

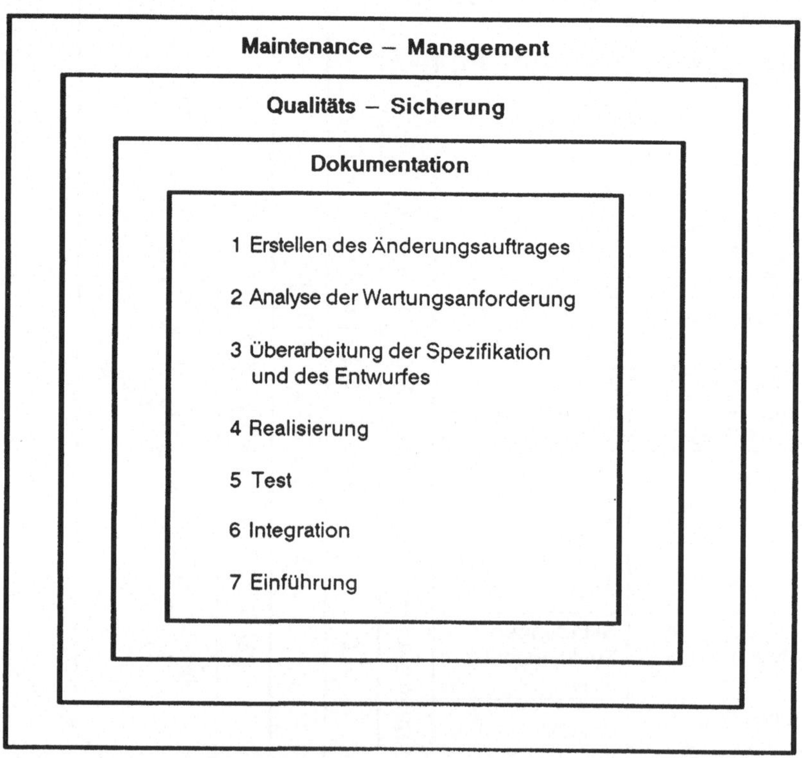

Abb. 5-11: Das Maintenance Engineering-Modell

Bevor die Phasen des Wartungsmodells vorgestellt werden, soll beschrieben werden, wie ein solches Modell operational, d.h. einsetzbar gemacht werden kann. Analog zum Aufbau eines Vorgehensmodells für das Software Engineering spielen das Management, die Qualitätssicherung und die Dokumentation eine wesentliche Rolle.

Das Maintenance-Management hat die Aufgabe, die in der Vergangenheit praktizierte Wartung organisatorisch "in den Griff zu bekommen". Die Qualitätssicherung sollte sowohl für den Ablauf der Wartung, als auch für die spätere Abnahme der geänderten Software QS-Kriterien bereitstellen und überprüfen. Aufgabe der Dokumentation ist es, sämtliche Wartungsvorgänge ausführlich festzuhalten und Software-Modifikationen in den Spezifikations- und Entwurfsunterlagen zu vermerken und einzuarbeiten.

Wie zuvor schon angesprochen, haben Wartungsanforderungen in der Regel folgende Auslöser :

- Fehlerkorrektur

- Anpassung und Optimierung

- Weiterentwicklung

- Sanierung (Re-Engineering)

In allen vier Fällen ist aus Sicht des Benutzers eine sofortige Änderung der Software durchzuführen.

In der Vergangenheit entstand daraus eine kaum managebare "Wartung auf Zuruf".

Da man diese unkontrollierten Wartungsaktivitäten vermeiden will, wurde vorgeschlagen, eine zentrale Stelle zu schaffen, die eine Koordination und Steuerung aller Wartungsaktivitäten übernimmt. Organisatorisch wird ein Wartungs-Manager installiert, in dessen Verantwortung der gesamte Wartungsprozeß in bezug auf Ablauf, Kosten und Realisierung liegt. Die Ablauf- und Aufbauorganisation des "Change Managements" war Gegenstand des vorhergehenden vierten Kapitels.

Das eigentliche Vorgehensmodell für die Wartung besteht aus sieben Phasen. Im Gegensatz zu einem Entwicklungsphasenmodell berücksichtigt es die besonderen Anforderungen der Software-Wartung.

Stellt man die Phasen von Software Engineering und Maintenance Engineering-Modell gegenüber, so entsteht folgendes Bild :

```
Software Engineering                    Maintenance Engineering


1 Voruntersuchung

2 Anforderungsdefinition   ======>  1 Spezifikation des Wartungs-
                                      auftrages

                          ======>  2 Analyse der Wartungsaufgabe

3 Entwurf                 ======>  3 Überarbeitung Spezifikation
                                      und Entwurf

4 Realisierung            ======>  4 Realisierung

5 Test                    ======>  5 Test

6 Integration/Gesamttest  ======>  6 Integration/Gesamttest

7 Einführung              ======>  7 Einführung
```

5.4.1 Spezifikation des Wartungsauftrages (Phase 1)

Wie in Abschnitt 4.2 beschrieben, wird der Änderungsauftrag von der Fachabteilung an den Wartungs-Manager gegeben. Hierzu muß ein fester Kommunikationsweg aufgebaut werden. In der Praxis werden häufig sogenannte Fehlerformulare ausgefüllt und weitergeleitet.

Da jede Fehlerkorrektur im eigentlichen Sinne eine Änderung ist und, wie gezeigt wurde, die Software-Änderung den Hauptanteil der

Wartung ausmacht, sollen diese Formulare hier die Bezeichnung
'Request for change' (Änderungsanforderung) erhalten.

Ein "Request for change"-Formular sollte dabei folgenden Aufbau
haben :

- Datum   : Tagedatum des Änderungsauftrages

- Seite / von   : laufende Seitennummer / Gesamtzahl Seiten

- Aufwand   : geschätzter Aufwand für die Änderung

- SW-Name   : Name des zu ändernden SW-Paketes

- Änderungs-Nr.   : Nummer des Änderungsauftrages

- Ersteller   : Ersteller des Änderngsauftrages

- Änderungsobjekt   : Modul/Programm-Name des Wartungsobjekts

- Start-Soll   : Start Termin laut Soll-Planung

- Ist-Soll   : Realer Starttermin

- Zwischentermin   : Meilensteintermin bei longterm changement

- Ende-Soll   : Ende Termin laut Soll-Planung

- Verzögerungsgründe   : Erläuterung von Verzögerungen

- Team/Mitarbeiter   : Ausführungsverantwortliche

- Testergebnis   : Ergebnis des Abnahmetest

- Abnahme   : Abnahmevermerk des Prüfers

Um die "chaotischen" Zustände vergangener Wartungsaktivitäten
auszuschalten, erfolgt eine Kategorisierung und Prioritätenzuord-
nung für diese Anforderungen durch den Wartungs-Manager.

In der ersten Phase des Maintenance Engineering-Modells wird nun
diese Änderungsanforderung mit entsprechender Zuordnung als
Änderungsauftrag an das Wartungsteam weitergeleitet.

5.4.2 Analyse der Wartungsaufgabe (Phase 2)

Nachdem der Änderungsauftrag dem Wartungsteam vorliegt, ist eine Analyse der Wartungsanforderung vorzunehmen.

Durch die Kategorie des "Request for change" ist bereits der erste Schritt getan, der in der Einordnung der Wartungsanforderung zu sehen ist. Handelt es sich um einen Fehler der Klasse 1 "direct Changement", so kann sofort damit begonnen werden eine nähere Fehler-Analyse durchzuführen. Fehler der Klasse 1 führen, wie zuvor beschrieben, zu einem totalen Systemtzusammenbruch; um festzustellen, wo sie ihren Ursprung haben hilft meist nur ein Programm-Tracing.

Trace-Funktionen, d.h. kontrollierter Durchlauf durch alle ausgewählten Programmverzweigungen, werden in der Regel durch entsprechende Tools der Programmiersprachen-Anbieter zur Verfügung gestellt. Findet sich hier kein geeignetes Tool, so kann man auch selbst seine Programme entsprechend "instrumentieren". Hierzu werden vor den vermuteten fehlerhaften Programmzweigen Ausgaben der dort zu verändernden Variablen erzeugt, so daß festgestellt werden kann, ob bis zu dieser Verzweigung noch alle Werte entsprechend der Vorgängeroperationen richtig sind. Eine weitere Ausgabe dieser Variablen nach Durchlauf der vermuteten Fehlerstelle ergibt dann Aufschluß über die Richtigkeit dieser Vermutung.

Ist die Fehlerstelle gefunden, ist zu analysieren, inwieweit sich eine Änderung des Sourcecodes auf andere Folgeprogramme auswirken könnte. Hier haben sich sogenannte Cross-Reference-Listen als sehr hilfreich erwiesen. Aus diesen Listen geht hervor, welche hierarchische Programmstruktur vorliegt, d.h. welche Unterprogramme aufgerufen werden oder welche Programm-Module zum bestehenden Programm "hinzugelinkt" werden. Auch hier bieten einige Compiler Cross-Reference-Auswertungen an. In modernen DV-Konzepten finden sich entsprechende Informationen im Data-Dictionary bzw. in einem Repository.

Geht es um Wartungsanforderungen der Klassen 2 ("shortrange changement") und 3 ("longrange changement"), so wird anstelle der zuvor skizzierten Fehleranalyse eine funktionale Analyse notwendig. Hierbei ist zu untersuchen, inwieweit sich die geforderten Änderungen in das bestehende Funktionalgerüst einfügen lassen.

Dazu sind folgende Tätigkeiten durchzuführen :

- Durchsicht der Gesamtdokumentation und Selektion der relevanten
  Unterlagen aus Spezifikation, Entwurf, Programmbeschreibung
  und Testdatensätzen

- Heraussuchen der zu modifizierenden Programme

- Erstellen von Struktogrammen (Nassi/Shneiderman)

- Auffinden der Einfüge-/Änderungsstelle

- Entscheidung, ob technisch eine funktionale Änderung durchführbar ist und inwieweit danach noch die QS-Anforderungen
  erfüllt sind, oder ob eine Neuerstellung notwendig ist

- Untersuchung von Seiteneffekten auf andere Programme und/oder
  Programmpakete

- Erstellen von N-Square-Charts zur Visualisierung von betroffenen
  Dialogabläufen

- Erstellen revisionsfähiger Unterlagen, die den Programmstand vor
  der Änderung dokumentieren

Eines der schwierigsten Probleme bei der Wartung von Software
stellt immer wieder das Verstehen der Programmstruktur dar.

Herkömmliche Programmablaufpläne (Flow Charts) eignen sich für die
Analyse- und Entwurfsphase. Struktogramme (Nassi/Shneiderman-
Diagramme) hingegen dokumentieren die Ergebnisse der Realisierung
und sind daher in der Wartung von größerem Nutzen.

Programmablaufpläne berücksichtigen nicht die Kontrollstruktur, es
lassen sich zwar funktionale Abläufe so darstellen, daß die Regeln
der strukturierten Programmierung nicht verletzt werden, aber sie
eignen sich nicht dazu, nachträglich erweitert oder minimiert zu
werden.

Die Strukturierte Programmierung basiert auf der Idee der
Kontrollstruktur und benötigt damit auch eine entsprechende

Darstellungsform. Man kann die Nassi/Shneiderman-Diagramme somit auch als angepaßte Flußdiagramme für die Strukturierte Programmierung bezeichnen. Abb. 5-12 zeigt die hierbei ausschließlich benutzten vier Sinnbilder mit einem Anwendungsbeispiel (vgl. CURTH, M.A.: "Ablaufdiagramme", 1987, S. 4).

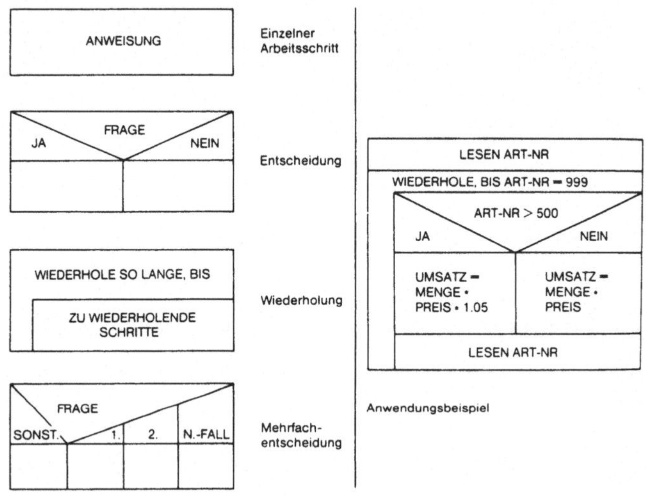

Abb. 5-12: Sinnbilder von Struktogrammen nach Nassi/Shneiderman mit Anwendungsbeispiel

Das Struktogramm besitzt gegenüber dem Flow Chart die großen Vorteile:

- eine eindeutige Beziehung zum Programm-Coding zu haben

- kleiner und informativer zu sein

- die Struktur eines Programmes in ihrer Gesamtheit darzustellen

Sowohl Nassi/Shneiderman- als auch Verbindungslinien-Diagramme
eignen sich zur Dokumentation und vor allem als Arbeitsgrundlage
für die Wartung.

Verbindungslinien-Diagramme entstehen aufgrund einer statischen
Programmanalyse und zeigen die Programmverzweigungen und die
Kontrollstruktur (vgl. Abb 5-13).

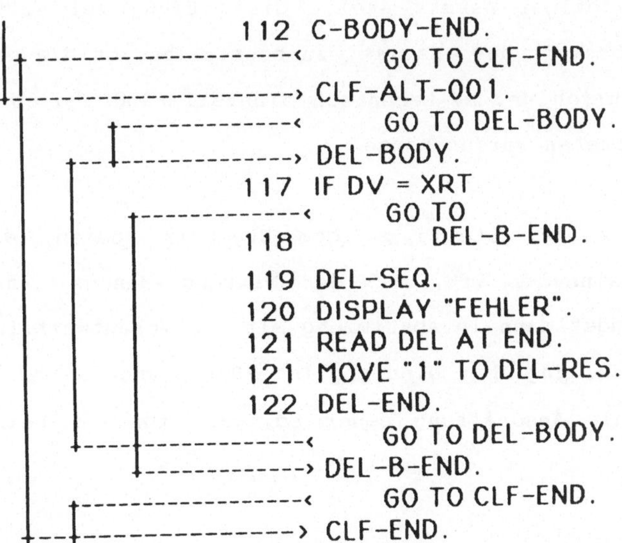

Abb. 5-13: Beispiel eines Verbindungslinien-Diagramms

Für die Wartung, die Qualitätssicherung und die Revision werden immer noch einfache Hilfen gesucht, die Aufschluß über die Programmstruktur geben.

In der Analysephase wird die Wartungsanforderung auf ihre Durchführbarkeit geprüft und die Grundlage für die Realisierung geschaffen. Hierzu wird festgestellt, welche Dokumentations- und Programmteile von der Änderung betroffen werden. Diese Dokumente und Programme werden für das Wartungsteam vorbereitet, so daß man sich hier auf die eigentliche Ausführung konzentrieren kann und nicht befürchten muß, unvollständig zu arbeiten.

Ein weiterer wichtiger Aspekt stellt die Prüfung auf wirtschaftliche Durchführbarkeit dar. Es ist zu beurteilen, ob die geplanten Änderungen fachlich und DV-technisch sinnvoll sind und ob sie aus Kostensicht vertreten werden können.

Sollte man an dieser Stelle zu dem Ergebnis kommen, daß eine Wartung nicht sinnvoll ist, muß der Wartungs-Manager informiert werden. Er befindet dann in Abstimmung mit den Verantwortlichen der Fach- und DV-Abteilung über eine mögliche Sanierung der bestehenden Software oder die Anschaffung neuer Software für den betroffenen Arbeitsbereich.

Die Analysephase hat somit auch die Aufgabe, kostensenkende Vorschläge zu erarbeiten. Das kann jedoch nur dann erfolgen, wenn eine Zeit- und Kostenschätzung der Wartungsanforderungen erfolgt.

Zeit- und Kostenschätzung sind in der Regel sehr eng miteinander verbunden. Ausgehend von internen Verrechnungssätzen und geeigneten Schätzverfahren, wie z.B. 'Function Point' und 'COCOMO' lassen sich Wartungskosten für den Bereich Weiterentwicklung in der Wartung genau wie Entwicklungskosten kalkulieren.

Problematischer wird es, wenn Spezifikations- oder Entwurfskorrekturen durchzuführen sind.

Die Kostenkalkulation solcher Wartungsanforderungen kann z.B. nach folgendem Muster vorgenommen werden :

1 Ermittlung der Programmierproduktivität des durchschnittlichen System-Engineers

2 Umlage der Fix- und Variablen-Kosten zur Ermittlung der Real-Kosten pro System-Engineer

3 Gewichtung der Änderungsanforderungen entsprechend Spezifikationsänderungen, Entwurfsänderungen und Fehlerkorrektur

Eine umstrittene, aber häufig gebrauchte Einheit für die Programmierproduktivität sind die erzeugten Lines of Code (LOC).

Abb. 5-14 zeigt exemplarisch die Produktivitätssteigerung in einem größeren deutschen Unternehmen in den Jahren 1977 bis 1983.

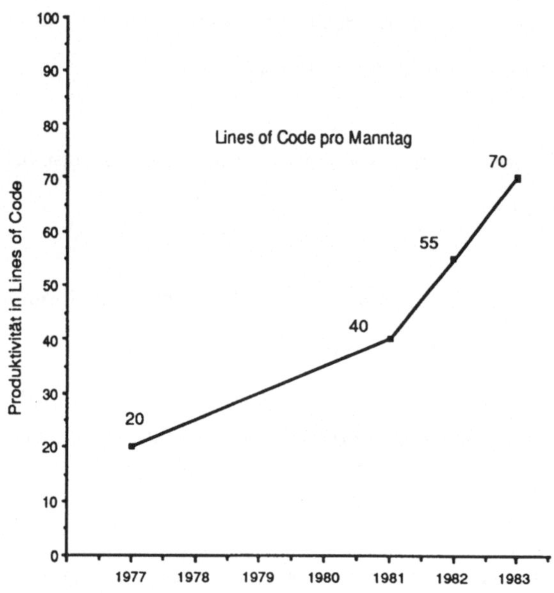

Abb. 5-14: Steigerung der Produktivität in LOC pro Manntag

Die Entwicklerproduktivität in neue LOC/Manntag variiert, wie neue Untersuchungen zeigen, zwischen 20 und 100 LOC. In der Wartung heißt die Maßgröße neue und geänderte LOC/Manntag und liegt hier zwischen 10 und 50 LOC.

Eine dritte Größe, die Wartungsproduktivität, beschreibt die Anzahl der LOC, die ein Wartungsprogrammierer betreuen kann und liegt zwischen 15000 und 75000 LOC (vgl. SNEED, H.M.: "Management", 1987, S. 71f.).

5.4.3 Überarbeitung der Spezifikation und des Entwurfes (Phase 3)

Bevor irgendeine Programm-Modifikation vorgenommen wird, muß eine Überarbeitung von Spezifikation und Entwurf stattfinden. In der Vergangenheit wurde dieser Schritt häufig ausgelassen, was dazu führte, daß die Spezifikation und der Entwurf nicht mehr zu den realisierten Programmen paßte und so weitere Wartungsschritte so gut wie unmöglich oder nur unter sehr erschwerten Bedingungen möglich waren, da keiner den derzeitigen Programmstand kannte.

Ein Realisierungskonzept sollte nicht nur kurzfristige Wartungsanforderungen realisieren, sondern langfristig den folgenden Wartungsanforderungen gerecht werden und - falls erforderlich - unstrukturierten Altbestand restrukturieren.

Um diesem Anspruch zu erfüllen, kann man problemabhängig Lösungskonzepte entwickeln, für die im folgenden einige Anregungen gegeben werden sollen.

Ein erster Ansatz ergibt sich aus der Notwendigkeit, möglichst schnell neue Funktionalitäten zur Verfügung zu stellen oder einen gravierenden Softwarefehler rasch zu beseitigen. In solchen Fällen sollte zuerst eine pragmatische Lösung erfolgen. In einem zweiten Schritt wird dann diese Änderung in einer technisch optimalen Lösung realisiert.

Diese Strategie ist immer dann einzusetzen, wenn eine Wartungsanforderung der Kategorie 'direct changement' zu bearbeiten ist. Eine Änderung also, die unter sehr großem Zeitdruck steht.

Steht mehr Zeit zur Verfügung und gilt es, neben einer Systemerweiterung eine Anpassung der Software an neueste Software Engineering-Erkenntnisse vorzunehmen, so sollte hier der erste Schritt darin bestehen, eine technische Stabilisierung und Restrukturierung des Systems vorzunehmen. Ist dieses Ziel erreicht, werden neue Funktionen eingebaut und Änderungen bestehender Module vorgenommen. Diese Lösung wird von den Technikern unter den Softwareentwicklern bevorzugt. Diesem recht positiven Lösungsansatz steht der Nachteil gegenüber, daß der Endbenutzer erst zu einem relativ späten Zeitpunkt die geänderte Software wieder nutzen kann. Ein Einsatz dieser Strategie ist daher nur für die Änderungskategorien "mittel- bzw. langfristig durchzuführende Änderungen" zu empfehlen.

In der Regel scheint ein Kompromiß aus den zuvor beschriebenen Möglichketen die sinnvollste Lösung darzustellen. Dringend geforderte Funktionsänderungen sowie dringende Fehlerkorrekturen der Kategorie 'direct changement' werden sofort realisiert. Hierdurch bleibt das zu wartende Softwaresystem zu jedem Zeitpunkt operabel.

Der Benutzer ist hier immer in der Lage, ein System nutzen zu können, das seine Mindestanforderungen ausreichend abdeckt. Änderungen, die nicht den Mindestfunktionsumfang betreffen, sollten dagegen immer unter Berücksichtigung der Softwarestruktur durchgeführt werden. Es sollte hier nach Möglichkeit zuerst die Modulstruktur überprüft und gegebenenfalls überarbeitet werden, bevor neue Funktionen entwickelt werden. Nur so kann eine reibungslose Integration mit den bestehenden Funktionen gewährleistet werden.

5.4.4 Realisierung (Phase 4)

Die programmtechnische Realisierung der Wartungsanforderung sollte genau wie bei der Neuentwicklung unter Verwendung festgelegter Programmier-Methoden und -Standards erfolgen.

Anders als bei der Neuentwicklung, bei der auch neue Methoden und Standards eingeführt werden können, muß man bei der Wartung darauf achten, daß die eingesetzten Verfahren dieselben sind, die bei der Ersterstellung genutzt wurden. Es macht nämlich keinen Sinn, eine bestehende Programmlogik zu ändern, nur um die derzeit in der Neuentwicklung existierenden Methoden und Tools auch in der Wartung einsetzen zu können. Dieser Zustand wäre zwar ideal, ist aber nur dann möglich, wenn eine konsequente Linie verfolgt wird und alle bestehenden Programmpakete auf den neusten Entwicklungsstandard migriert werden. Dies dürfte nicht zuletzt aus Gründen der Wirtschaftlichkeit wenig realistisch sein.

Die Migration eines bereits bestehenden Softwarepaketes in eine andere Technologie (Realisierungssprache, Entwicklungsumgebung) erfordert einen Aufwand, der meist höher ist als der einer Neurealisierung. Ohne den Einsatz von Softwaretools ist ein Schritt in diese Richtung genauestens zu überlegen. Doch selbst unter Einsatz der heute angebotenen "Re-engineering Tools" ist eine Migration gewagt, da die Hilfe durch diese Tools noch recht oberflächlicher Natur ist und ohne eine intensive manuelle Nacharbeit keine automatische Umsetzung möglich ist.

Ein weiteres Problem besteht darin, daß nicht alle Softwarepakete eines Unternehmens in derselben Programmiersprache abgefaßt sind. So ist auch hier wieder die Methode der Realisierungsprache anzupassen. Man kann eben keine objektorientierte Programmierung durchführen, wenn COBOL die Codiersprache ist, in der das zu wartende Softwarepaket erstellt worden ist.

Jeder Sprachengeneration lassen sich dennoch geeignete Standards zuordnen, ausgehend von einfachen Programmrahmen über strukturierte Programmierung bis hin zur objektorientierten Techniken.

Die Realisierung findet in Abhängigkeit von der ausgewählten Strategie statt.

Allen drei Strategien ist jedoch gemeinsam, daß sie die Realisierungsphase in einzelne Abschnitte gliedern. Nach Beendigung eines jeden Abschnittes ist ein Test durchzuführen, um die Änderungen zu validieren.

Wird neben der Wartung eine Sanierung angestrebt, so ist in die Realisierungphasen, abweichend von der gleichnamigen Phase im Entwicklungsmodell, eine Analyse einzuschieben. Aufgabe dieser Analyse ist es, Systemstruktur, Datenstruktur, Programm- und

Codingstruktur zu untersuchen. Resultat dieser Analyse muß eine Aussage darüber sein:

- welche Programmteile unverändert übernommen werden können,

- welche Komponenten zu ändern sind und

- welche Teile des Systems neu zu erstellen sind.

Auch hier kann der Wartungsprogrammierer in seiner Entscheidung durch ein Tool unterstützt werden.

Dieses Tool sollte automatisch einen Restrukturierungsversuch durchführen. Alle Programmteile, die in die Konstrukte der Strukturierten Programmierung umsetzbar sind, sollten automatisch umgeformt werden. Komponenten, die nicht umgesetzt werden können, sind als Strukturverstöße aufzuzeigen.

In der Programmierung findet sich auch für die Fehlerseite eine Art Lokalitätsprinzip, das heißt, Fehler treten gehäuft in bestimmten Modulen auf, so daß solche Module besser neu zu erstellen sind.

Der Einsatz solcher Tools macht keineswegs den Menschen überflüssig. Jedes automatisch restrukturierte Programm ist genauestens dahingehend zu überprüfen, ob der im Ursprungsprogramm realisierte Funktionsumfang noch gegeben ist.

Software-Werkzeuge, die eine Restrukturierung vornehmen, können die Kreativität und Intuitivität des Menschen nicht ersetzen, sondern nur durch eine Aufbereitung des Basismaterials zeitlich unterstützen.

Um den Software-Ingenieuren hier eine möglichst optimale Ausgangssituation zu schaffen, die ursprünglichen Programm-strukturen zu erfassen und eine Migration auf die neue Struktur zur erarbeiten, sollten graphische Darstellungen gewählt werden. Auch hier eignen sich Nassi/Shneiderman-Diagramme oder aber auch funktionale graphische Entwurfsmethoden, wie der "mehrdimensional abgestufte Entwurf" nach Österle oder das "Structured Analysis" von de Marco (DE MARCO, T.: "Analysis", 1979).

Es sollten daher mehrere alternative Darstellungen für die visuelle Aufbereitung der Programmstruktur angeboten werden, damit die Fähigkeit Muster zu erkennen, bestmöglich angesprochen werden kann.

5.4.5 Test (Phase 5)

Qualitätssicherung und Test sind zwei untrennbare Aktivitäten, doch sollten sie nicht, wie es häufig der Fall ist, synonym verwendet werden.

Um Qualitässicherung betreiben zu können ist, es zuerst notwendig Qualitätsmaßstäbe zu definieren. Diese QS-Maßstäbe können jedoch nur zu einem Teil pauschalisiert werden. (vgl. Abschnitte 2.4, 6.1 und 6.2)

Jedes Unternehmen, das Software einsetzt oder selbst produziert, hat über diese allgemeinen QS-Maßstäbe hinaus seine eigenen Anforderungen festzusetzen. So hat sicherlich die Flugzeugindustrie für ihre "kritische" Software andere QS-Anforderungen als die, die an ein Lohn- und Gehaltssystem zu stellen sind.

Um Qualitätssicherung operabel zu machen, ist es notwendig Testverfahren zu erarbeiten, die es ermöglichen, die gesetzten QS-Anforderungen zu überprüfen und meßbar zu machen. Daher hat die Testphase wie auch bei der Neurealisierung eines Softwaresystems im Wartungsmodell eine besonderere Bedeutung.

Je besser und sorgfältiger die bei der Erstrealisierung durchgeführten Tests konzipiert, organisiert, durchgeführt und dokumentiert worden sind, desto einfacher und effizienter können in der Wartung alle anschließenden Tests durchgeführt werden.

Wie bei der Softwareneuerstellung nach der Realisierungsphase sollte auch nach Durchführung der programmtechnischen Wartungstätigkeiten der Testablauf wie folgt aufgebaut sein :

-    Erstellen eines Testkonzeptes

-    Erstellen des Testplans

-    Erstellen der Testdaten

-    Modultest

-    Programmtest

-    Integrationstest

-    Testdokumentation

-    Abnahme / Fehlerreport

Wie Abbildung 5-14 zeigt, können hierbei einzelne Aktivitäten zeitlich parallel durchgeführt werden.

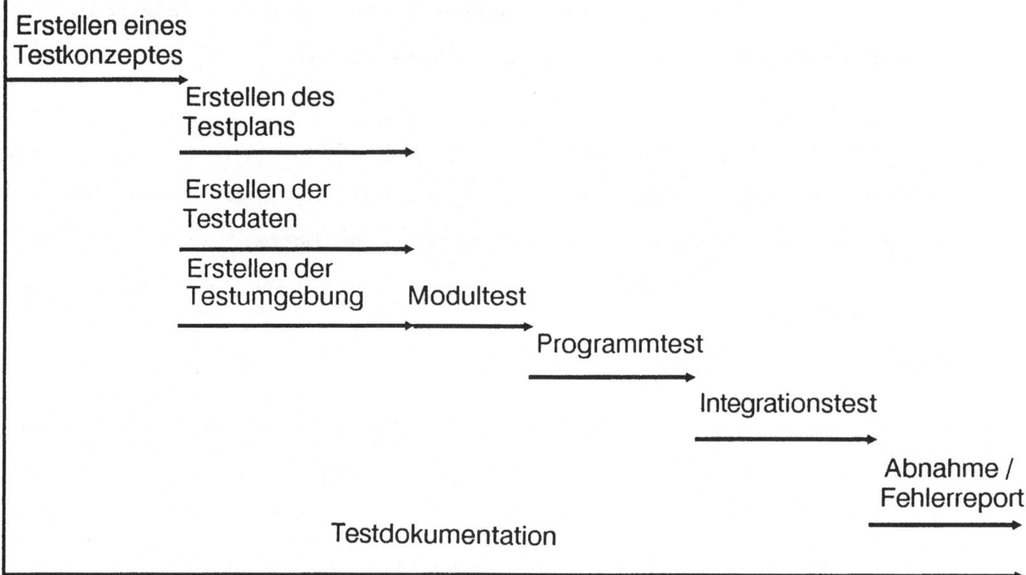

Abbildung 5-14: Zeitlicher Ablauf der Testaktivitäten

Der erste Schritt im Testablauf ist die Erstellung einer Testkonzeption. Hier ist festzulegen, welche Art von Tests in Abhängigkeit von den Testobjekten durchzuführen sind. Hier sind eine Reihe unterschiedlicher Testverfahren bekannt, angefangen vom "Structured Walk Through" durch Entwurfsunterlagen und Quellcode über "Black-Box-Test", "White-Box-Test" bis hin zur "Programm-Verifikation" und dem "Symbolischen Testen". Je nach Anforderung und Softwaretyp ist in der Testkonzeption festzulegen, welche Verfahren und Methoden benutzt werden sollen.

Der Test soll - global gesehen - dazu dienen die neuerstellte oder geänderte Software in Hinblick auf ihre Funktion, Leistungsfähigkeit und einsatzspezifische Qualität zu überprüfen.

Für den Bereich der funktionalen Überprüfung kann man zwischen drei unterschiedlichen Methoden oder deren Kombination wählen :

- Konventionelles Testen
- Programm-Verifikation
- Symbolisches Testen

In allen drei Fällen soll als Ziel nachgewiesen werden, daß die Testobjekte (Module/ Programme) die in der Spezifikation/Wartungsauftrag definierten Funktionen erfüllen.

Testen ist eine experimentelle Tätigkeit, bei der versucht wird, mit Hilfe einer begrenzten Zahl von Eingabekombinationen einen empirischen Nachweis zu erbringen, daß ein Programm von seiner Spezifikation maximal innerhalb eines vorgegebenen Toleranzintervalls abweicht.

Beim Aufbau einer Teststrategie schlägt man jedoch den umgekehrten Weg ein. Der Tester wird aufgefordert nachzuweisen, daß Abweichungen existieren, die außerhalb dieses Intervalls liegen. Man motiviert also dazu, Fehler zu finden.
(vgl. BALZERT, H.: "Entwicklung", 1982, S.412 ff.)

Im folgenden finden sich einige Testmethoden, die diesen strategischen Ansatz unterstützen :

- Black-Box-Test
    - Äquivalenzklassenbildung
    - Grenzwertanalyse
    - Intuitive Testfallermittlung

- White-Box-Test
    - statische Analyse
    - dynamische Analyse
        - Zweigüberdeckung
        - Bedingungsüberdeckung
        - Pfadüberdeckung

Im <u>Black-Box-Test</u>, einem Funktionstest, wird das Testobjekt so betrachtet, als sei die innere Stuktur unbekannt. Eingaben und Ausgaben können nur über spezifizierte Schnittstellen erfolgen.

Konträr dazu befaßt sich der <u>White-Box-Test</u> als Strukturtest mit der inneren Struktur des Testobjektes. Meist werden beide Testverfahren in Kombination benutzt, da der White-Box-Test eine gute Möglichkeit bietet, eine Minimalmenge von Eingabekombinationen für den Black-Box-Test zu ermitteln.

Die Ermittlung von Testfällen stellt eines der wesentlichen Probleme des Black-Box-Tests dar. Wie bereits erwähnt, lassen sich Testfälle durch Äquivalenzklassenbildung, Grenzwertanalyse und intuitive Testfallermittlung aufstellen.

Bei der _Methode der Aquivalenzklassen_ wird die Menge der möglichen Eingabewerte in Klassen eingeteilt. Charakteristisch für eine Aquivalenzklasse ist dabei, daß ein Testobjekt (Modul/Programm) bei Verarbeitung eines Repräsentanten dieser Klasse genauso reagiert wie bei Eingabe aller anderen Vertreter dieser Klasse. Aquivalenzklassen lassen sich für Eingabe- und Ausgabewerte erstellen. Mit Hilfe dieser Methode läßt sich somit die Anzahl der Einzeltests minimieren, da davon ausgegangen wird, daß der Test mit einem Vertreter einer Klasse reicht, um den Korrektheitsnachweis für alle Vertreter dieser Klasse zu erbringen.

Die _Grenzwertanalyse_ hat sich in der Praxis als ein sehr effizientes Verfahren herausgestellt, da meist in den Grenzbereichen (Minimum/Maximum) Fehler aufgedeckt werden. Dieses Verfahren eignet sich verständlicherweise jedoch nur für Wertemengen oder Aquivalenzklassen, die eine natürliche Ordnung haben. Im Unterschied zur Aquivalenzklassenmethode wird nicht ein beliebiger Repräsentant aus der Wertemenge genommen, sondern ein oder mehrere Werte, die sich im Grenzbereich der Aquivalenzklasse befinden.

Ohne jegliche Methodik, aber in der Praxis dennoch häufig angewandt, ist die _intuitive Testfallermittlung_. Trotz nicht immer nachvollziehbarer Kriterien kommt man auch hier zu verwertbaren Testfällen. Aus der Erfahrung des Testers heraus werden Listen möglicher Fehlersituationen aufgestellt und aus ihnen entsprechende Testfälle abgeleitet.

Beim White-Box-Test unterscheidet man die statische- und dynamische-Analyse.

Sinn der <u>statischen Analyse</u> ist die Überprüfung des Quellcodes z.B. in Hinblick auf :

- Einhaltung der Programmierrichtlinien
- Endlosschleifen
- Überflüssige Anweisungen
- Überprüfung der Datenstruktur
  (z.B. Initialisierung von nicht benötigten Datenobjekten)
- Erreichbarkeit aller Anweisungen

Das Testobjekt wird also ohne Verwendung von Testdaten analysiert. Ziel ist die Überprüfung auf logische Konsistenz sowie auf Einhaltung vorgegebener Standards und Normen. Statisches Testen unter Verwendung von Tools erfordert einen nur geringen vorbereitenden Aufwand, da ohne Testdaten und ohne Vorausberechnung möglicher Resultate gearbeitet werden kann.

Während eine statische Analyse ohne die eigentliche Programmausführung möglich ist, so wird bei der <u>dynamischen Analyse</u> das Testobjekt (Modul/Programm) unter Verwendung der zuvor ermittelten Testdaten ausgeführt. Dieses Verfahren wird auch als "Tracing" bezeichnet.

Hierzu ist es notwendig, das zu testende Modul/Programm vorher zu instrumentieren. Unter <u>Instrumentieren</u> versteht man das Einfügen von Hilfsausgaben und Durchlaufzählern, anhand derer nach Ausführung festgestellt werden kann, inwieweit

- Zweigüberdeckung
- Bedingungsüberdeckung
- Pfadüberdeckung

innerhalb des Testobjektes vorhanden sind.

Zur visuellen Darstellung der Programmstruktur empfiehlt sich die Verwendung eines Programmablaufplanes nach DIN 66001.

Nachfolgend soll kurz erklärt werden, welche Ergebnis die zuvor erwähnten dynamischen Analysen liefern und inwieweit die Ergebnisse die Korrektheit eines Testobjektes beweisen.

Sinn des Verfahrens der Zweigüberdeckung ist festzustellen, ob alle Programmzweige wenigstens einmal durchlaufen worden sind. Da die Struktur des Testobjektes im dynamischen Test offen liegt (White-Box), sind die Testdaten so zu wählen, daß sie der funktionalen Anforderung des Objektes theoretisch und praktisch gerecht werden.

Die Module/Programme sind dabei so zu instrumentieren, daß jedes Durchlaufen eines Zweiges in einer Zählervariablen protokolliert wird. Eine vollständige Zweigüberdeckung impliziert dabei gleichzeitig eine komplette Anweisungsüberdeckung, da beim Durchlaufen aller Zweige jedes Statement mindestens einmal ausgeführt wird. Das Ergebnis der Zweigüberdeckung wird prozentual ausgedrückt und sollte immer 100% erreichen.

Werden Zweige nicht durchlaufen, so ist festzustellen, ob es an der schlechten oder nicht repräsentativen Wahl der Testdaten liegt oder ob die entsprechenden Zweige für die im Testobjekt gewünschte Funktionalität überflüssig sind.

Soll eine vollständige Bedingungsüberdeckung erreicht werden, so ist es notwendig, alle in den Bedingungen vorkommenden Möglichkeiten durch entsprechende Testfälle abzudecken. Programmzweige können in der Regel unter mehreren unterschiedlichen Bedingungen durchlaufen werden, wie das Beispiel einer bereichsabfragenden Bedingung zeigt. Bedingungstests sind daher wesentlich aufwendiger als ein Zweigüberdeckungstest, da alle möglichen Werte, die eine Bedingung erfüllen, systematisch und vollständig auszutesten sind.

Die Pfadüberdeckung versucht jeden möglichen Weg durch ein Modul/Programm auszutesten. Wie man sich leicht vorstellen kann, ist selbst bei kleinen Programmmen die Anzahl möglicher Pfade innerhalb eines Programmes in Abhängigkeit unterschiedlicher Eingaben so groß, daß eine 100%-Pfadüberdeckung so gut wie unmöglich ist.

Die Methode der Pfadüberdeckung läßt zudem keinerlei Rückschlüsse darauf zu, inwiefern ein Programm vollständig die gewünschte Funktionalität abdeckt oder ob eventuell Funktionen nicht realisiert wurden. Aus diesem Grund sollte sie nur als Hilfe zur Erstellung der zuvor besprochenen Aquivalenzklassen Verwendung finden.

In der Praxis hat sich gezeigt, daß eine Kombination von statischen und dynamischen Testverfahren den größten Erfolg liefert.

Ein genereller Mangel aller Testverfahren besteht jedoch darin, daß die Korrektheit eines Programmes nicht bewiesen werden kann und die erzielten Ergebnisse stark von der Wahl sowie der gewissenhaften Erstellung der Testdaten und -fälle abhängig ist.

Durch Testen läßt sich leider nur feststellen, daß Fehler vorhanden sind, aber niemals, daß keine Fehler existieren.

"Program testing can be used to show the presence of bugs, but never to show their absence"
(DIJKSTRA, E.W.: "Notes on", 1972, S.6).

Da ein empirisches Testen nicht die Korrektheit eines Testobjektes (Modul/Programm) beweisen kann, versucht die Methode der <u>Programm-Verifikation</u> einen nachweisbaren analytischen Weg zu gehen. Anstatt diskrete Werte zu prüfen, werden bei diesem Verfahren allgemeingültige Beziehungen zwischen Variablenwerten nach Ausführung jeder Anweisung geprüft.

Mit Hilfe der Programm-Verifikation läßt sich ein vollständiger Korrektheitsbeweis für kleinere und einfache Programme führen. Bei umfangreicheren Programmen ist die Beweisführung sehr schwierig und noch nicht abschließend erforscht. Eine Programm-Verifikation setzt darüber hinaus eine sehr hohe Qualifikation und Kreativität des

Testteams voraus und ist sehr zeitaufwendig. (vgl. WIRTH, N.:
"Programmieren", 1978, S.24 ff.).

Einen Mittelweg zwischen konventionellem Testen und der Programm-
Verifikation stellt das symbolische Testen dar. Im Gegensatz zum
konventionellem Testen werden nicht speziell selektierte Testwerte
verwendet sondern allen Eingaben werden symbolische Werte
zugewiesen, vergleichbar mit der Programmverifikation.

Das symbolische Testen ist damit einem statischen White-Box-Test
vergleichbar, da eine Programmausführung mit symbolischen Werten
durchgeführt wird (vgl. BALZERT, H. "Entwicklung", 1982, S. 427
ff.).

Hat man sich nun für ein Testverfahren oder eine Kombination
entschieden, wird das Testkonzept festgelegt und entsprechende
Testaktivitäten erarbeitet und zusammengestellt. Diese Aktivitäten,
ihre zeitlichen Abhängigkeiten sowie die Zuordnung zu einzelnen
Mitarbeitern werden in einem Testplan zusammengestellt.

Falls bereits bei der Neuerstellung der jetzt in der Wartung
befindlichen Software der oben erwähnte Testabalauf benutzt wurde,
so kann auf den bereits vorhandenen Testdaten aufgesetzt werden.

Sind neue Funktionalitäten hinzu gekommen oder sind bestehende
Funktionen geändert worden, so sind die Testdaten um entsprechende
Testdatensätze, für diese Funktionen zu ergänzen bzw. abzuändern.

Sollten keinerlei Testdaten aus vorhergehenden Aktivitäten vorhanden sein, so ist es erforderlich, für das Gesamtpaket einen Tesdatensatz zu erstellen. Nur so kann sichergestellt werden, daß die gewünschte Testabdeckung verifizierbar und nachvollziehbar wird. Zur Erstellung der Testdaten können die zuvor erwähnten Verfahren wie Aquivalenzklassenbildung, Grenzwertbestimmung, intuitive Testdatenernmittlung sowie auch bereits vorhandene Realdaten Verwendung finden.

Einige Unternehmen bieten seit neuerer Zeit sogenannte "Testdatengeneratoren" an, die eine Testdatenerstellung im wesentlichen erleichtern und sicherstellen, daß keine Datenkonstellationen (Permutationen) übersehen werden.

Nach Erstellung der Testdaten kann die erste Softwaretestphase anlaufen, der "Modultest".

Ein _Modul_ ist hier definiert als die kleinste eigenständige funktionale Einheit. Module werden in der Regel zu Programmen zusammengefaßt oder als "Copystrecken" bzw. Unterprogrammroutinen von Programmen aufgerufen. Sollte das Gesamtpaket nur aus kleinen Einzelprogrammen bestehen, kann der Modultest entfallen und sofort der Programmtest durchgeführt werden.

Sind während der Wartungstätigkeiten Programm-Module geändert worden, so sind diese Module mit Hilfe der erstellten Testdaten auf ihre gewünschte Funktion hin zu testen.

Der Modultest durchläuft hierbei folgende Einzelaktivitäten :

- Überprüfung des Wartungsauftrages

- Entwurfsänderung

- Structured Walk Through

- Erstellen einer Testumgebung

- Modultest

- Testdokumentation

- Abnahme / Fehlerreport

Zuerst wird der Wartungsauftrag zur Hand genommen, der hier die Rolle der funktionalen Spezifikation übernimmt. Die hier beschriebenen funktionalen Änderungen oder Fehlerbeseitigungen müssen in den korrespondierenden Entwurfsunterlagen ebenfalls geändert worden sein, um eine Konsistenz zwischen Entwurf und Programm auch nach der Wartung sicherzustellen. Ist dies der Fall, ist eine "Codeinspektion" in Form eines Structured Walk Throughs durchzuführen, um nachzuvollziehen, daß programmtechnisch auch das realisiert wurde, was im Wartungsauftrag verlangt worden ist.

Verläuft der Walk Through positiv, so ist je nach Beschaffenheit des Moduls eine Testumgebung zu erstellen oder eine bereits vorhandene zu nutzen, die es ermöglicht, die volle Funktionalität des Moduls mit Hilfe der zuvor erstellten Testdaten auszutesten.

Finden sich hier keine Fehler, kann eine Abnahme des Moduls erfolgen. Verläuft der Test negativ, ist ein entsprechendes Fehlerprotokoll zu erstellen und das Modul einer erneuten Bearbeitung zu unterziehen.

Ist der Modultest für alle geänderten Module abgeschlossen und sind alle Module im Sinne der Testdefinition fehlerfrei, ist im folgenden Schritt eine Zusammenfassung zu Programmen vorzunehmen, an die sich der Programmtest anschließt.

Der Programmtest ist wie folgt durchzuführen :

- Überprüfung des Wartungsauftrages

- Kontrolle der Entwurfsänderungen

- Zusammenfassung der Module zu Programmen bzw. Transaktionen

- Structured Walk Through

- Erstellen der Testumgebung

- Programmtest

- Testdokumentation

- Abnahme / Fehlerreport

Analog zum Modultest dient hier der Wartungsauftrag als Programmspezifikation. Es ist nachzuprüfen, ob die spezifizierte Programmänderung bzw. Hinzunahme im Systementwurf nachgeführt worden ist. Die zuvor ausgetesteten Funktionsmodule sind daraufhin zu einem Programm oder einer Transaktion zusammenzufassen. Über den Walk Through wird eine Codeinspektion durchgeführt, um sicherzustellen, daß die gewünschten Funktionen zu einem entsprechenden Programm / einer Transaktion zusammengefaßt wurden und die im Wartungsauftrag spezifizierten Anforderungen erfüllt sind.

Falls programmtechnische Abhängigkeiten existieren, die es nicht erlauben die Programme "stand-alone" zu testen, ist hier ebenfalls eine Testumgebung aufzubauen (z.B. DB/DC-Umgebung) oder eine bereits aus früheren Tests vorhandene zu verwenden.

Zur Überprüfung der gewünschten Programmfunktionalität wird im Anschluß daran der eigentliche Programmtest unter Verwendung der zuvor erstellten Testdaten durchgeführt. In einem Testprotokoll erfolgt die Dokumentation des Programmtests. Wurden alle Tests erfolgreich durchlaufen, erhält das Programm die Abnahme-bescheinigung. Sind während des Tests Fehler aufgetreten, sind diese in einem Fehlerprotokoll festzuhalten. Handelt es sich um Fehler, die nicht lokalisierbar sind, muß eine vollständige Fehleranalyse angeschlossen werden und gegebenenfalls für bestimmte Module der Modultest wiederholt werden, bevor ein erneuter Programmtest durchgeführt wird. Sollten hier weitere Modul- oder Programmänderungen notwendig sein, ist darauf zu achten, daß der Entwurf entsprechend der vorgenommenen Änderungen ebenfalls korrigiert wird, so daß nicht auf dieser Ebene die angestrebte Konsistenz zwischen Programm und Entwurf zerstört wird.

5.4.6 Integration (Phase 6)

Nach Abschluß der Programmtests der gewarteten Programme erfolgt die Integration. Hierzu werden die geänderten oder neu hinzugekommenen Programme in das bestehende Programmpaket eingegliedert.

Es ist unbedingt erforderlich, daß im Rahmen der Integration auch alle <u>nicht</u> geänderten Programme erneut unter Verwendung der ergänzten Testdaten einem Integrationstest unterzogen und in ihrer Funktionalität erneut verifiziert werden. Ein solcher abschließender Test ist vor Einführung des Paketes in den Realbetrieb unbedingt vorzunehmen, da die Praxis zeigt, daß Änderungen trotz sorgfältiger Prüfung immer noch zu unbeliebten Seiteneffekten führen können.

Hier wird die Wichtigkeit und Notwendigkeit der Test-Konzeption und -Planung deutlich. Ohne methodisches Vorgehen und reproduzierbare Tests ist Wartung komplexer Systeme weder zeitlich noch finanziell tragbar.

5.4.7 Einführung (Phase 7)

Wie bei einer Neuentwicklung müssen auch Programme, die funktional oder in ihrer Benutzerschnittstelle geändert wurden, wieder neu eingeführt werden.

Hier sollte, genau wie bei Neusystemen, eine schrittweise Einführung gewählt werden sowie eine zeitlich begrenzte parallele Weiterführung des alten Systems als "Fall-Back-System" erfolgen.

Neben der Software ist auch die geänderte Benutzerdokumentation (Handbuch) an den Enduser zu übergeben. Zusätzlich sollten für die technische Wartungsdokumentation neben den vorgenommenen Änderungen auch, falls vorhanden, besondere Problempunkte dieser Software beschrieben werden.

Bei einem Releasewechsel oder umfangreichen Systemänderungen sind in einer erneuten Benutzerschulung alle späteren Anwender mit Neuerungen und Systemerweiterungen und deren Einsatz genauestens vertraut zu machen.

Für die erste Zeit sollte vom Wartungsteam ein "Hot-Line-Service" angeboten werden, an den sich der Benutzer bei Handhabungsproblemen wenden kann.

5.5 Zusammenfassung

Das dargestellte Maintenance Engineering-Konzept ist als Schalenkonzept konstruiert (vgl. Abb. 5-11). Die äußere Schale stellt die Revision und die Qualitätsicherung dar. Von hier gehen alle Anforderungen an revisions- und qualitätsgerechte Dokumentationsunterlagen aus.

Die nächste Schale bildet das Wartungs-Management als Koordinations- und Planungsstelle aller Wartungsaktivitäten. Hier erfolgt eine Einordnung der Wartungsanforderungen zu problemabhängigen Wartungsklassen.

Das Vorgehensmodell ist sowohl für die Benutzung ohne Programmrestrukturierung ausgelegt, wie auch für eine mit der Wartung verbundenen Programmsanierung.

Der Vorteil beim gleichzeitiger Sanierung und Restrukturierung liegt eindeutig darin, daß hier die Möglichkeit geboten wird, Programm-Altbestände auf das derzeitig aktuelle Entwicklungslevel anzuheben.

Wesentliches Ziel sollte es sein, eine unkomplizierte Möglichkeit zu bieten, Entwicklern und Wartungsteam eine einheitliche Werkzeugoberfläche zu geben.

Der große Vorteil eines solchen Ansatzes liegt darin, die durch den Werkzeugeinsatz verringerten Wartungszeiten in freie Entwicklerressourcen umzusetzen. Darüber hinaus eröffnet sich hier die Möglichkeit eines "job-rotation", da Enwicklungs- und Wartungsteam nicht mehr mit unterschiedlichen Werkzeugen arbeiten und unterschiedliche Erfahrungsprofile benötigen.

Resümee

---> Wartung wird es immer geben

---> Ohne Wartung keine Software

---> Keine Wartung ohne Methode

---> Keine Methode ohne Werkzeug

---> Zeitgewinn in der = mehr Zeit für die
     Wartung   Entwicklung

6. Revision und Qualitätssicherung

Die in Abschnitt 5.3 als eine Grundsatzfrage des Maintenance Engineering-Modells aufgezeigte Problematik der Qualitätssicherung, welche hier für ein Engineering sowohl der Wartung als auch der Entwicklung als zwingend erforderlich angesehen wird, ist Bestandteil dieses sechsten und letzten Kapitels.

Der erste Abschnitt führt ein in die Problematik der aufbauorganisatorischen Verankerung der Qualitätssicherung und deren Beziehung zur Revision. Abschnitt 6.2 behandelt die Inhalte einer Qualitätssicherung für die Entwicklung und die Wartung von Anwendungssoftware. Der letzte Abschnitt beschreibt, inwiefern die Unternehmensrevision oder DV-Revision in Abhängigkeit von ihren angestammten Aufgaben im ORG-/DV-Bereich in der Lage ist, als unabhängige Instanz die in Abschnitt 6.2 geschilderten QS-Aufgaben durchzuführen.

6.1 Aufbauorganisatorische Diskussion zur Qualitätssicherung

In einigen wenigen Großunternehmen ist eine Qualitätssicherung, welche die Anforderungen an SW-Qualität im Detail definiert sowie entwicklungs- und wartungsbegleitend überwacht, bereits selbstverständlich. Doch in den meisten großen und auch kleineren Unternehmen existieren bzgl. der Qualitätssicherung Akzeptanzprobleme. Denn die Vorgabe/Definition und die

Überprüfung der Einhaltung von Qualitätsmerkmalen wird in aller Regel noch als die Domäne der Entwickler angesehen, nicht als das Anliegen einer neutralen und weitgehend unabhängigen Stelle. Die daraus resultierenden Probleme sind evident (vgl. zu Problemen der Qualitätssicherung auch Abschnitt 2.4). Qualitätssicherung, sofern sie überhaupt betrieben wird, ist so kaum mehr als "Makulatur". Da die für die Entwicklung von Anwendungssoftware Verantwortlichen auch über die Qualität derselben befinden, wird dies nur solange mit der nötigen Sorgfalt geschehen, wie Konformität bei Entwicklungszielen (Termine, Budget, etc.) und Qualitätssicherungszielen gegeben ist. Folglich werden signifikante Abweichungen der geprüften Objekte von den Qualitätsanforderungen, die i.d.R. bei entsprechenden Gegensteuerungsmaßnahmen auch zu Budget- und Terminverschiebungen führen, bei einer so geschilderten Verankerung der Qualitätssicherung stets hinter Entwicklungs- und Wartungszielen zurückstehen.

Es ist daher notwendig, der Qualitätssicherung einen festen Rang innerhalb der Unternehmenshierarchie einzuräumen. Hierzu bieten sich prinzipiell drei mögliche aufbauorganisatorische Varianten an:

a) Qualitätssicherung durch Externe
b) Qualitätssicherung durch eine eigenständige Abteilung innerhalb des ORG-/DV-Bereiches
c) Qualitätssicherung durch die Unternehmensrevision

ad a) <u>Qualitätssicherung durch Externe</u>

Für Aufgaben der Qualitätssicherung werden qualifizierte und erfahrene Mitarbeiter benötigt, die fähig sind, das gesamte System der Anwendungssoftware zu analysieren und zu systematisieren, ohne sich in bedeutungslosen Details zu verlieren. Der Qualitätssicherungsstab muß zudem Mitarbeitern aus den Entwicklungs- und Wartungsabteilungen gegenüber versiert auftreten und fundiert argumentieren können. Aus diesen Gründen und aufgrund der Tatsache, daß die Stellung der Entwickler in kleineren Unternehmen sehr stark ist, wird die Durchsetzung unternehmensinterner QS-Mitarbeiter mit abnehmender Unternehmensgröße zunehmend schwieriger. Für kleinere Unternehmen bietet es sich daher an, auf QS spezialisierte Subunternehmer einzusetzen, die eine maßgeschneiderte QS-Konzeption aufbauen (also auch die Kriterien für Qualität fixieren) und die entsprechenden Aktivitäten durchführen. Neben dem Effekt, daß sich so die Entwickler einer Qualitätssicherung schwerlich widersetzen oder sogar entziehen können, dürfte diese Form für die angesprochene Zielgruppe auch die wirtschaftlichere Lösung sein.

ad b) <u>Qualitätssicherung durch eine eigenständige Abteilung innerhalb des ORG-/DV-Bereiches</u>

Wenn die Qualitätssicherung innerhalb des ORG-/DV-Bereiches etabliert werden soll, muß sie, um die angeführten Probleme zu vermeiden, als eigenständige Abteilung mit einem entsprechenden

Verantwortlichen (Wartungs-Manager) zumindest auf die gleiche hierarchische Ebene gestellt werden wie Entwicklungs- und Wartungsabteilung (vgl. Abb. 4-2 in Abschnitt 4.1, wobei dort allerdings an eine Zuordnung der Qualitätssicherung auf einen Bereich außerhalb der ORG/DV gedacht war (z.B. Revision)). Bei dieser Konstruktion wird jedoch eine effiziente, konfliktfreie Arbeit für die Qualitätssicherer schwierig. Anstatt die QS-Abteilung als notwendige Hilfe und Unterstützung zu begreifen, werden Entwicklungs- und Wartungsmitarbeiter vermutlich schnell darin einig sein, daß die QS-Abteilung "unproduktiv" sei und zudem noch unwillkommene, permanente Kritik übe.

Es dürfte daher sinnvoller sein, die QS-Abteilung mit einer fachlichen Weisungsbefugnis auszustatten und entweder in einer Linienposition zwischen Abteilungsleitern und ORG-/DV-Leiter bzw. IM-Leiter einzusetzen (vgl. Abb. 6-1) oder aber als Stabstelle des Information Managers (vgl. Abb. 6-2). Bei der zweiten Lösung sollte das Commitment des IM-Leiters für die Qualitätssicherung sichergestellt sein, damit keine Konflikte zwischen Entwicklungs-/Wartungs- und QS-Mitarbeitern entstehen.

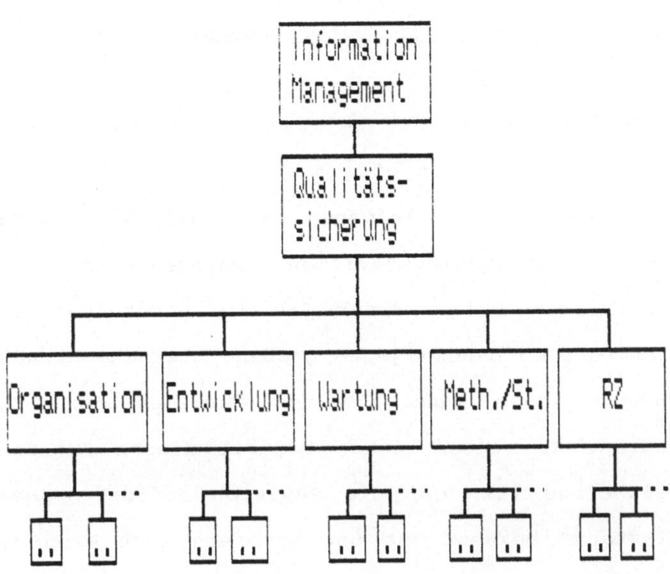

Abb. 6-1: Qualitätssicherung in der Linie

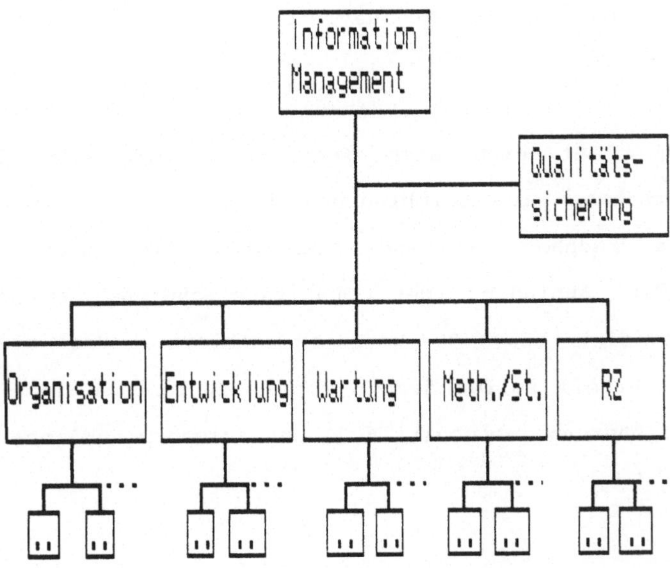

Abb. 6-2: Qualitätssicherung als Stab

ad c) <u>Qualitätssicherung durch die Unternehmensrevision</u>

Um die unter b) aufgezeigten Schwierigkeiten zu vermeiden, bietet sich für Großunternehmen eine auf den ersten Blick sehr elegante Alternative an: die Aufgaben der Qualitätssicherung werden von der Unternehmensrevision wahrgenommen. Eine Revisionsabteilung, die i.d.R. direkt an die Geschäftsleitung berichtet, existiert in nahezu jedem großen Unternehmen, wobei einige Unternehmen schon innerhalb der Revision eine EDV-Revision abgrenzen. Ein wesentlicher Vorteil dieser Zuordnung der Qualitätssicherung ist, daß die Revision definitionsgemäß als "Kontrollinstanz" bekannt ist und insofern auch eine hier angesiedelte Qualitätsicherung die nötige Neutralität, Unabhängigkeit, Kompetenz und Durchsetzungskraft zur Bewältigung ihrer Aufgaben hätte. Das schon oben als erforderlich angesprochene qualifizierte Personal muß zur Abdeckung der Aufgaben der EDV-Revision ohnehin vorgehalten werden.

Zusammenfassend läßt sich also festhalten, daß sich für kleinere Unternehmen eine Durchführung der Qualitätssicherung durch Externe rechnet, während sich bei Großunternehmen tendenziell die Anbindung der Qualitätssicherung an die Unternehmensrevision bzw. EDV-Revision anbietet. Vor einem abschließenden Urteil sollen jedoch noch Aufgaben und Inhalte der Qualitätssicherung (Abschnitt 6.2) und Aufgaben und Inhalte der EDV-Revision (Abschnitt 6.3) gegenübergestellt werden, um die obigen Empfehlungen zu untermauern.

6.2 Qualitätssicherung für die Entwicklung und Wartung von Anwendungssoftware

Qualitätssicherung wurde an früherer Stelle (vgl. Abschnitt 2.4) definiert als die Zusammenführung von geplanten und systematisch durchgeführten Tätigkeiten, die zur Prüfung vorgegebener Qualitätsanforderungen eines Produktes dienen. Unter "Produkte" werden hier verstanden sämtliche Ergebnisse, die im Rahmen von Entwicklungs- und Wartungsarbeiten entstehen, wie z.B. neuer oder korrigierter Source-Code, Anwendungs-, Installations- und Systemhandbücher, Funktionsbeschreibungen, Ablaufdiagramme, etc.

Die Forderung nach Qualitätssicherung umfaßt in diesem Werk nicht "nur" den zweiten Teil des Life-Cycles, also den Betriebs- und Wartungszeitraum, sondern erstreckt sich auch auf den Entwicklungszeitraum. Denn "Qualität läßt sich in ein Produkt nicht hineinprüfen, sie muß hineinkonstruiert werden. (...) Wartbarkeit von Anwendungssoftware ist die Konsequenz einzelner Qualitätsmerkmale wie Zugänglichkeit, Lokalität, Gleichförmigkeit, Selbsterklärungsfähigkeit und Dokumentationskonsistenz. Auf diese Kriterien müssen die Konstruktionslehre, der Konstruktionsprozeß, die Konstruktionstechnik und auch die Konstrukteure selbst ausgerichtet sein" (**GUTMANN**,

J.: "Wartung", 1988, S. 11). Weitere Qualitätsmerkmale von Software, die bereits während der Entwicklung, am besten schon bei der Erstellung des Pflichtenheftes (zu Inhalt und Zweck des Pflichtenheftes vgl. CURTH, M.A.: "Pflichtenheft", 1987, S. 251f.) definiert und nachgehalten werden sollten, sind

- Korrektheit (den Anforderungen entsprechend)
- Robustheit (funktiontüchtig auch in anormalen Sit.)
- Erweiterbarkeit (leichte Anpaßbarkeit bei Änderungen in den Anforderungen)
- Wiederverwendbarkeit (teilweise/ganz bei Neuentwicklungen)
- Kompatibilität (Kombinierbarkeit mit anderen Systemen)
- Effizienz (in Bezug auf Ausnutzung der Ressourcen)
- Portabilität (einfache Übertragbarkeit auf andere HW- und SW-Umgebungen)
- Verifizierbarkeit (einfach zu prüfen)
- Integrität (Schutz für Daten und Code)

Eine relativ erschöpfende Darstellung von SW-Qualitätseigenschaften findet man bei Sneed (vgl. zu weiterführender Literatur zum Thema Qualitätssicherung auch in Abschnitt 5.3 die Ausführungen zu "Maßnahmen zur Qualitätssicherung").

Die Qualitätssicherung umfaßt technische und organisatorische Maßnahmen (vgl. Abb. 6-3).

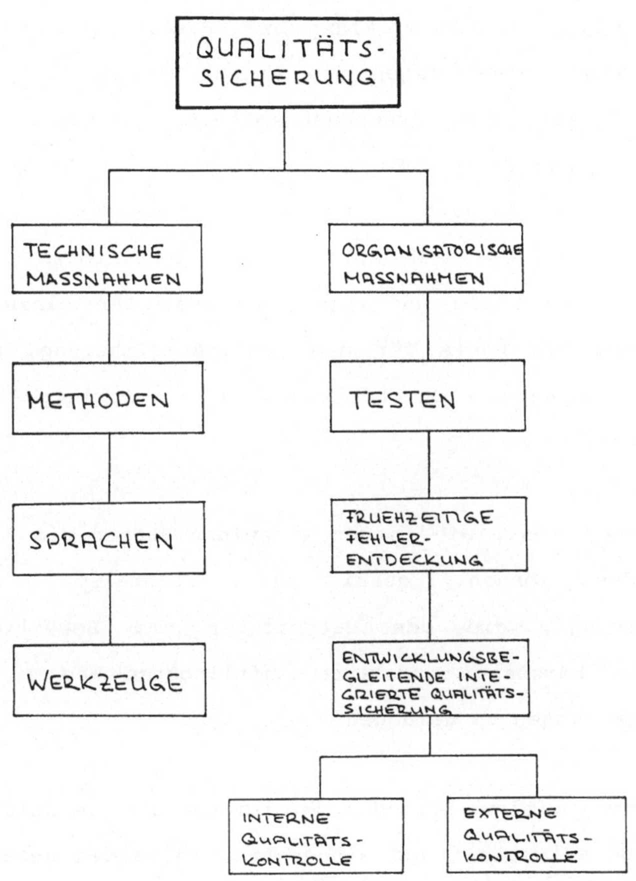

Abb. 6-3: Verteilung technischer und organisatorischer Maßnahmen im Rahmen der Qualitätssicherung

Dabei werden Standards, Richtlinien und Konventionen für die Anwendungssoftware und den Entwicklungs- und Wartungsprozeß vorgegeben, ferner Methoden, Techniken und Werkzeuge festgelegt, die während der Entwicklung und Wartung verbindlich anzuwenden sind und schließlich Qualitätsmerkmale (s.o.) fixiert.

Die <u>Verfahrensmodelle</u> für Entwicklung bzw. Wartung (Standards, Richtlinien, Konventionen) legen die einzelnen Schritte oder Phasen fest, die die Anwendungssoftware während des Lebenszyklus', also im Entwicklungs- bzw. Wartungs- /Betriebszeitraum durchläuft (zu den Wartungsphasen vgl. Abschnitt 5.4). Diese Modelle also definieren die Voraussetzungen, die Ziele und die Ergebnisse der einzelnen Phasen. Sie sind die Basis für die Qualitätssicherung, aber auch für die Planung und Durchführung von Entwicklungs- und Wartungsprojekten.

Die <u>Methoden</u> legen fest, wie in den einzelnen Phasen die Ziele erreicht werden können, quasi als "Kochrezept" oder "Gebrauchsanweisung", die den Betroffenen und Beteiligten helfen, auf dem kürzesten und wirtschaftlichsten Weg zu den gewünschten Ergebnissen zu gelangen.

Zur Unterstützung vieler Methoden wurden in den vergangenen Jahren <u>Werkzeuge</u> entwickelt und eingesetzt. In ersten Ansätzen wurden diese bereits in eine integrierte einheitliche Entwicklungs- und/oder Wartungsumgebung zusammengefaßt.

Differenziert man nun die Qualitätssicherung in eine formale und eine inhaltliche Prüfung, so beschränkt sich die formale Qualitätssicherung auf die Beurteilung des Prüfobjektes (also z.B. Source-Code, Anwenderhandbuch, Testfälle etc.) nach formalen Kriterien, wie etwa die Einhaltung von Dokumentationsrichtlinien oder anderen Standards. Die

<u>inhaltliche</u> Qualitätssicherung erstreckt sich vorwiegend auf die Kontrolle der funktionalen, technischen und organisatorischen Anforderungen an das Prüfobjekt (z.B. Portabilität, syntaktische und inhaltliche Korrektheit, Wiederverwendbarkeit und Erweiterbarkeit).

Hinsichtlich der an der Qualitätssicherung Beteiligten kann man eine interne und eine externe Qualitätskontrolle unterscheiden. Als <u>externe</u> Qualitätskontrolle bezeichnet man sämtliche Qualitätssicherungsmaßnahmen, die von ressortfremden Mitarbeitern (z.B. Revision oder Wirtschaftsprüfungsgesellschaft) durchgeführt werden. Hier wird mittels Präsentation, Walk-through, Inspektion und Test mit den beteiligten Fachressorts und Arbeitskreisen über die Ergebnisse aus Entwicklungs- oder Wartungsprozessen befunden. Dagegen umfaßt die <u>interne</u> Qualitätskontrolle sämtliche Qualitätssicherungsmaßnahmen, die von ressorteigenen Mitarbeitern (ORG/DV) durchgeführt werden. Typische Beteiligte in diesem Bereich sind Projektgruppe, Datenbankadministratoren, Chefprogrammierer und Ressortleitung (Information Manager).

Abschließend sei noch auf das Verhältnis der Qualitätssicherung im Hinblick zur Entwicklung auf der einen und zur Wartung auf der anderen Seite hingewiesen. Obschon die Installation einer Qualitätssicherung für die Entwicklung von Anwendungssoftware in einem Unternehmen schon schwierig genug ist, wird dies bei der Wartung noch ungleich schwerer durchsetzbar. Bei der SW-Entwicklung existieren fest definierte und verabredete

Checkpoints, an denen die Phasenergebnisse im Hinblick auf die oben angesprochenen Qualitätsmerkmale (Vollständigkeit; Konsistenz, inhaltliche Richtigkeit, tec.) überprüft werden. Zusätzlich findet eine permanente Qualitätssicherung durch die Entwickler statt. Abb. 6-4 veranschaulicht die entsprechenden Zusammenhänge, wobei die Phasenabkürzungen VS Vorstudie, SK Systemkonzept (= fachl. Fein- und Grobkonzept), DK Detail- konzept (= DV-technisches Feinkonzept), PT Programmierung/ Test, SE Systemeinführung und TR Transfer bedeuten.

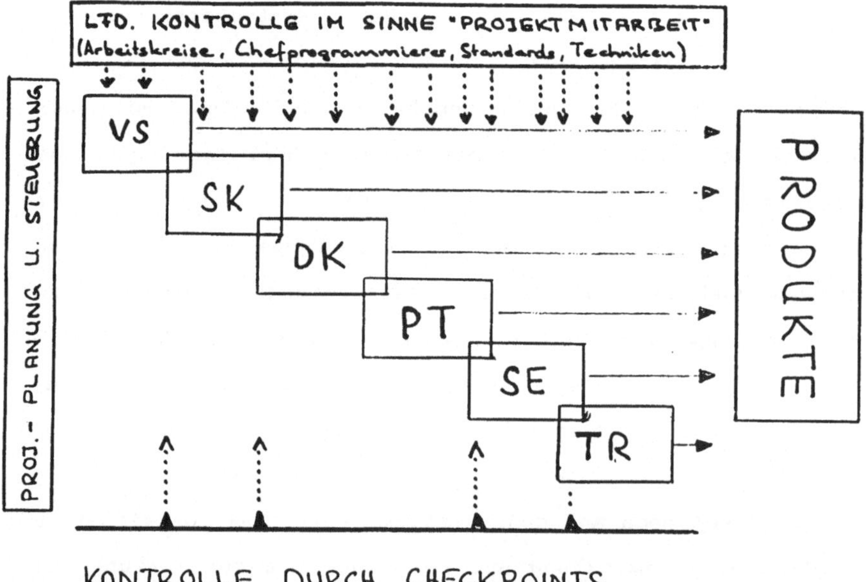

Abb. 6-4: Qualitätssicherung während des SW-Entwicklungs-
zeitraumes

Subjektiv betrachtet, entsteht hier der Eindruck, daß der Aufwand für Qualitätssicherung in einem angemessenen Verhältnis zum gesamten Entwicklungsaufwand steht.

Dagegen kann der Umfang der Qualitätssicherung bei der in der herkömmlichen Wartung üblichen "Flickschusterei", und hier insbesondere bei der corrective maintenance, sehr schnell den eigentlichen Aufwand zur Erledigung der entsprechenden Anforderungen übersteigen. "Es fällt auch schwer, sich daran zu gewöhnen, daß der Testumfang bei Änderungen und Erweiterungen in krassem Kontrast zum Umfang der Codierung steht. Wo in der Entwicklung Verhältnisse von 2:1 durchaus erreichbar sind, hat man es in der Wartung eher mit 10:1 zu tun" (GUTMANN, J.: "Wartung", 1988, S. 11). Gutmann führt diese Tendenz auf den "unausrottbaren" Optimismus fast aller Entwickler zurück, weniger Fehler zu machen als andere und die eigene Voraussicht zu überschätzen.

Wichtig und notwendig ist daher, ein wie in diesem Buch vorgestelltes planvolles Wartungskonzept, in dem nicht nur reagiert wird, indem Anforderungen hinsichtlich corrective, adaptive oder perfective maintenance behandelt und qualitätsgesichert werden, sondern auch aktiv und innovativ gleichsam als Bestandteil strategischer Überlegungen _agiert_ wird. Diese als eine der interessantesten Neuerungen des Information Engineering (vgl. CURTH, M.A.; WYSS, H.: "Information Engineering", 1988, S. 2ff.) bekannt gewordene Philosophie bedeutet im wesentlichen eine außerhalb von allen Anforderungen gesteuerte Wartung und Qualitätssicherung in spezifischen, zu definierenden Abständen. Dieses quasi als "freiwillige Inspektion" zu bezeichnende Prozedere ist schon seit langem bei größeren maschinellen Einrichtungen (z.B. Dampfkessel zur Wärmeerzeugung, Pfannenofen, etc.), bei Last- und Kraftfahrzeugen oder Flugzeugen bekannt und sollte auch für die Informationsverarbeitung nutzbar gemacht werden. Bei derartigen "Revisionsmechanismen" werden bestimmte Komponenten von Anwendungssoftware-Systemen überprüft im Hinblick auf Merkmale, wie z.B.

- Grad der Kommentierung
- Fehlerschwerpunkte / Anzahl aufgetretener Fehler im Test
- mittlerer bzw. überdurchschnittlicher Änderungsaufwand
- nicht dokumentierte Code-Bestandteile
- Grad der Schachtelungstiefe von Unterprogrammen, Funktionen
- Vollständigkeit von Masken-, Header- und Fehlerinfos
- Programmteile mit Überschreitungen von Aufwandschätzungen
- etc.

Eine entsprechende Auswertung der Überprüfung dieser Merkmale liefert dann Hinweise und Bewertungen zu potentiellen Sanierungsobjekten, die mit dem Change-Manager und den Fachabteilungen abgestimmt werden müssen.

6.3 Aufgaben und Inhalte einer EDV-Revision als möglicher Instanz zur Qualitätssicherung

Um zu "untermauern", daß die oben geschilderten Qualitätssicherungsmaßnahmen in ihren Schwerpunkten durch <u>die</u> bzw. eine neu einzurichtende EDV-Revision als relativ unabhängige und neutrale Instanz wahrgenommen werden können, seien hier die wesentlichen Aufgaben und Inhalte der traditionellen EDV-Revision beschrieben. Dabei soll nicht auf die üblicherweise in der Revision anzutreffende Formulierungsweise verzichtet werden.

Aus Sicht der Revision ist wie jeder manuelle Ablauf in einem Unternehmen auch der ORG-/DV-Bereich, in dem wesentliche Vorfälle verarbeitet werden, zu kontrollieren. Dabei ist sicherzustellen, daß alle gültigen Vorfälle richtig und vollständig verarbeitet und vor unberechtigtem Zugriff geschützt werden.

Der Revisor definiert im Rahmen der vorgegebenen Prüfungsmethoden Art, Umfang und Zeitpunkt der Nachweisprüfungen in Abhängigkeit von der früher vorgefundenen oder erwarteten Qualität der Prüfobjekte. Bei einem verfahrensorientierten Vorgehen durchläuft er immer die folgenden Schritte:

a) Verstehen und Aufzeichnen der Abläufe, Zusammenhänge und Kontrollpunkte

b) Prüfen und Bewerten der vorgefundenen Situation

c) Berichterstatten über vorgefundene Schwachstellen

d) Durchführen von Nachweisprüfungen über die Schwachstellen

e) Erstellung/Abgabe des schriftlichen Prüfungsvermerks

Zur Durchführung ihrer Tätigkeiten dienen der EDV-Revision im wesentlichen Checklisten, deren Inhalte im folgenden grob dargestellt werden.

(1) Basisdaten für die EDV-Revision

Mit diesen Daten verschafft sich die EDV-Revision, insebesondere im Falle der Erstprüfung, einen Überblick über die Bedeutung des EDV-Bereiches in der Unternehmung. Es werden Angaben über die EDV-Anlagen zusammengestellt, die im betrachteten Unternehmen im Einsatz sind (Typ und Alter der CPU, der Plattenstationen, Terminals, PCs und sonstiger Peripheriegeräte). Weiterhin verschafft sich die Revision eine Übersicht darüber, in welchen Bereichen des Unternehmens eine EDV-Unterstützung stattfindet einschließlich eventueller in diesen Gebieten bereits durchgeführter Prüfungen. Weitere Erhebungsmaßnahmen umfassen die vorhandene Dokumentation (Handbücher, Arbeitsanweisungen, Organigramme und andere Richtlinien). Diese Basisdaten werden in regelmäßigen Abständen (z.B. jährlich) aktualisiert.

(2) Applikationsunabhängige Erhebungen

Im Rahmen von applikationsunabhängigen Erhebungen prüft die EDV-Revision verschiedene Kriterien - wie exemplarisch nachfolgend aufgeführt - auf einer allgemeinen operationellen Ebene.

(2.1) Struktur/Funktionen

- Prüfung der direkten Unterstellung des ORG-/DV-Bereiches der Geschäftsleitung oder einer unabhängigen Instanz
- Prüfung der Trennung von RZ, Entwicklung, Datenerfassung, EDV-Revision
- Prüfung der Stellvertretungsplanung

(2.2) Physische Sicherheit

- Rechenzentrum
- Sicherung der Klimaanlage
- Sicherung der Stromversorgung
- Sicherung der Kommunikationseinrichtungen
- Sicherung im Katastrophenfall
- Sicherung im EDV-Umfeld durch Zugangs- und Abgangskontrollen
- Prüfung der Arten, Verantwortlichkeiten und Aktualitäten von Versicherungen

(2.3) Methoden und Standards

- Prüfung der Richtlinien und der Überwachung der Projekt-
  organisation
- Prüfung der Systementwicklung
- Prüfung der Verfahren bei Programmänderungen/-ergänzungen
- Prüfung der Programmidentität/-eingabe
- Prüfung der Richtlinien, Aufbewahrung und Nachführung von
  Dokumentationsbestandteilen
- Organisationskontrolle im RZ-Betrieb

(2.4) Datensicherung/Zugriffskontrollen

- Prüfung der Auslagerung
- Prüfung der Betriebsorganisation
- Zugriffskontrollen bei System-, Dienst-, Benutzerprogrammen
  und -dateien
- Prüfung der Übermittlungskontrollen

(2.5) Datenschutz

- Gesellschaftliche, soziale oder betriebliche Anforderungen
- Berücksichtigung regionaler oder gesetzlicher Bestimmungen
  (Datenschutzgesetz)
- Beachtung ausländischer Vorschriften (Datenverarbeitung bei
  multinationalen Unternehmen)

(2.6) Personal

- Prüfung der Fluktuation
- Prüfung der Qualifikation
- Prüfung der Sicherheitserwägungen bei Personalbeschaffungen
  für den ORG-/DV-Bereich

(3) Applikationsabhängige Erhebungen

Bei applikationsabhängigen Erhebungen wird pro Applikation u.a. fixiert, in welchem Zustand sich die Dokumentation befindet, wie Datenerfassung, -verarbeitung und -ausgabe erfolgen und gesichert sind, ob die Zusammenarbeit zwischen ORG-/DV-Bereich und Fachabteilungen sowie Unternehmensleitung geregelt ist.

(3.1) Datenerfassung

- Eingabekontrolle bei direkter Datenerfassung
- Eingabekontrolle bei indirekter Datenerfassung
- Eingabekontrolle bei automatischer Zeichenerkennung (Markierungs-, Schriftleser)
- Eingabekontrolle bei Paralleldatenerfassung (z.B. Buchungsmaschinen mit direkter Datenträgerausgabe)

(3.2) Datenverarbeitung

- Prüfung der korrekten Verarbeitung von Spezialfällen
- Einhaltung der Sicherheit bei Arbeitswiederholungen

- Prüfung der Recovery-/Restartmechanismen

- Prüfung der Grobsteuerung einschließlich der Parametrisierung

- Prüfung der Passwortregelungen bei wichtigen Programmen

- Prüfung der Protokolle z.B. für Aufzeichnungen von Bediener-
  zugriffen auf Dateien/Programme

- Prüfung der Vertretbarkeit von Umwandlungs- und Testzeiten

(3.3) Datenausgabe und -archivierung

- Prüfung von Ordnungsbegriffen für Zusammenhang zwischen
  Belegen und Datenausgabe

- Fortlaufende Numerierung und Zwischensummen bei mehrseitigen
  Druckoutputs

- Prüfung der Vollständigkeitsgewährleistung von Listen und
  ihren Inhalten (z.B. Kennzeichnung der letzten Seite)

- Prüfung des Bestehens wirkungsvoller Checklists für die
  Ergebniskontrolle vor Verteilung des Outputs

- Prüfung der Regelung für Aufbewahrungsfristen und -orte für
  Journale, Dateien, Listen etc.

- Prüfung der Sicherheitsbedürfnisse für Aufbewahrung bestimm-
  ter Belege/Dokumente und lückenloser Verwendungsnachweise

(3.4) Kontrollen

- Prüfung der Ablaufkontrollen für Erfassung, Eingabe,
  Verarbeitung, Ausgabe, Auswertung

- Prüfung der Transportkontrollen von Datenträgern und Belegen

Die aufgeführten Inhalte der Checklisten, die im wesentlichen von der Schweizerischen Treuhand- und Revisionskammer übernommen wurden (vgl. SCHWEIZERISCHE TREUHAND- UND REVISIONSKAMMER: "EDV-Checklists", 1984 oder zu einem vergleichbaren "Revisionskatalog" KLIETZ, H.: "Revisoren", 1988, S. 42ff.), veranschaulichen recht deutlich, daß die Aufgaben der EDV-Revision zwar erheblich über den Umfang der vorgestellten Qualitätssicherung hinausgehen; es ist aber auch evident, daß Mitarbeiter der EDV-Revision bei Verantwortlichkeit für die o.a. Aufgaben die erforderliche Qualifikation haben, die wesentlichen Inhalte der Qualitätssicherung für die Entwicklung und Wartung von Anwendungssoftware zu übernehmen. Viele der aufgezeigten Qualitätssicherungs-Inhalte gehören, wie oben zu erkennen, ohnehin schon zu ihren "traditionellen" Aufgaben.

L I T E R A T U R V E R Z E I C H N I S

BALZERT, H.: Die /Entwicklung/ von Software-Systemen, Mannheim; Wien; Zürich 1982

BELADY, L.A.: Evolved Software for the 80's, in: IEEE Computer, vol. 12, no. 2, Feb. 1979, S. 79-82

BENINGTON, H.D.: /Production/ of Large Computer Programs, Proc. ONR Symp. Advanced Programming Methods for Digital Computers, June 1956, S. 15-27

BOEHM, B.W.: A Spiral Model of Software /Development/ and Enhancement, in: IEEE Computer Magazine, May 1988, S. 61-72

BOEHM, B.W.: The Economics of /Software Maintenance/, in: IEEE Computer Society Press, 1984, S. 9-37

BUDDE, R. u.a.: /Systementwicklung/, evolutionäre, in: Mertens, P. u.a. (Hrsg.): Lexikon der Wirtschaftsinformatik, Berlin; Heidelberg 1987, S. 324-325

BUSH, R.: The automatic /restructuring/ of Cobol, in: IEEE Computer Society Press, November 1985, S. 35-41

CANNING, R.G.: That Maintenance Iceberg, in: EDP Analyzer, 4/1972

CURTH, M.A.: /Ablaufdiagramme/, in: Mertens, P. u.a. (Hrsg.): Lexikon der Wirtschaftsinformatik, Berlin; Heidelberg 1987, S. 3-5

CURTH, M.A.: /Pflichtenheft/, in: Mertens, P. u.a. (Hrsg.): Lexikon der Wirtschaftsinformatik, Berlin; Heidelberg 1987, S. 251-252

CURTH, M.A.; WYSS, H.B.: /Information Engineering/. Konzeption und praktische Anwendung, München; Wien 1988

DE MARCO, T.: Structured /Analysis/ and System Specification, New York 1979

DIJKSTRA, E.W.: Notes on Structured /Programming/, in: Structured Programming, 1972, S. 1-82

GLASS, R.L.; NOISEUX, R.A.: Software maintenance guidebook, London; Sidney 1981

GUTMANN, J.: Effiziente /Wartung/ ist meist Planungssache, in: Computerwoche, 27.5.88, S. 11-13

KIMM, R. u.a.: Einführung in /Software Engineering/, Berlin; New York 1979

KISHIMOTO, Z.: Testing in Software Maintenance and Software Maintenance from the Testing Perspective, in: IEEE Computer Society Press, 1984, S. 116-117

KLIETZ, H.: DV-Vorhaben müssen in allen Phasen von kompetenten /Revisoren/ kontrolliert werden, in: Computerwoche, 11.11.88, S. 42-48

LEHMANN, M.M.: /Programs/, life cycles, and laws of software evolution, in: Proc. IEEE, vol. 68, no. 9, Sept. 1980, S. xx-xx

LIENTZ, B.P.; SWANSON, E.B.: Software /Maintenance/ Management, Reading/Massachusetts 1980

MARTIN, J.; MCCLURE; C.L.: Software /Maintenance/. The problem and its solutions, Englewood Cliffs (N.J.) 1983

MILLS, H.: Software /Development/, in: IEEE Trans. on Software Engineering, Vol. SE-2, No. 4, 1976, S. 265-273

MUNSON, J.B.: Software Maintainability: A Practical Concern for Life-Cycle-Costs, in: IEEE Computer, vol. 14, no. 11, Nov. 1981, S. 103-109

DEROZE, B.C.; NYMAN, T.H.: The /Software/ Life Cycle, in: IEEE Trans. on Software Engineering, July 1978, S. 309-318

SCHAFER, H.: Metric for optimal /maintenance management/, in: IEEE Computer Society Press, 1985, S. 114-119)

SCHNEIDEWIND, N.F.: Stand der Technik in der /Software-Wartung/, in: Online, Nr. 3, 1988, S. 51-56

SCHNEIDEWIND, N.F.: The State of Sofware /Maintenance/, in: IEEE Transactions on Software Engineering, Vol. SE-13, Nr. 3, März 1987, S. 303-310

SCHWEIZERISCHE TREUHAND- UND REVISIONSKAMMER (Hrsg.): /EDV-Checklists/ und andere Hilfsmittel zur EDV-Revision, in: Fachmitteilungen der Schweizerischen Treuhand- und Revisionskammer, Nr. 4, Zürich 1984

SEIBT, D.: /Phasenkonzept/, in: Mertens, P. u.a. (Hrsg.): Lexikon der Wirtschaftsinformatik, Berlin; Heidelberg 1987, S. 253-255

SEIBT, D.: /Systemlebenszyklus/, Management des, in: Mertens, P. u.a. (Hrsg.): Lexikon der Wirtschaftsinformatik, Berlin: Heidelberg 1987, S. 325-328

SNEED, H.M.: /Software/ Management, Köln 1987

SNEED, H.M.: /Software/ Qualitätssicherung, Köln 1988

SOMMERVILLE, I.: Software Engineering, Bonn; Reading (Mass.) 1987

WIRTH, N.: Systematisches /Programmieren/, 3 Aufl., Stuttgart 1978

ZELKOWITZ, M.V.: Perspectives on /Software/ Engineering, in: ACM Computing Surveys, Vol. 10, Nr. 2, Juni 1978, S. 197-216

ZVEGINTZOV, N.: /Nanotrends/, in: Datamation, Aug. 1983, S. 106-116

A B K Ü R Z U N G S V E R Z E I C H N I S

Leitfäden der angewandten Informatik

Bauknecht/Zehnder: **Grundzüge der Datenverarbeitung**
4. Aufl. 297 Seiten. Kart. DM 38,—

Beth / Heß / Wirl: **Kryptographie**
205 Seiten. Kart. DM 26,80

Brüggemann-Klein: **Einführung in die Dokumentenverarbeitung**
200 Seiten. Kart. DM 34,—

Bunke: **Modellgesteuerte Bildanalyse**
309 Seiten. Geb. DM 48,—

Craemer: **Mathematisches Modellieren dynamischer Vorgänge**
288 Seiten. Kart. DM 38,—

Curth/Giebel: **Management der Software-Wartung**
184 Seiten. Kart. DM 34,—

Frevert: **Echtzeit-Praxis mit PEARL**
2. Aufl. 216 Seiten. Kart. DM 34,—

Frühauf/Ludewig/Sandmayr: **Software-Projektmanagement und
-Qualitätssicherung.** 136 Seiten. Kart. DM 28,—

Gorny/Viereck: **Interaktive grafische Datenverarbeitung**
256 Seiten. Geb. DM 52,—

Hofmann: **Betriebssysteme: Grundkonzepte und Modellvorstellungen**
253 Seiten. Kart. DM 36,—

Holtkamp: **Angepaßte Rechnerarchitektur**
233 Seiten. DM 38,—

Hultzsch: **Prozeßdatenverarbeitung**
216 Seiten. Kart. DM 28,80

Kästner: **Architektur und Organisation digitaler Rechenanlagen**
224 Seiten. Kart. DM 28,80

Kleine Büning/Schmitgen: **PROLOG**
2. Aufl. 311 Seiten. DM 36,—

Meier: **Methoden der grafischen und geometrischen Datenverarbeitung**
224 Seiten. Kart. DM 36,—

Meyer-Wegener: **Transaktionssysteme**
242 Seiten. DM 38,—

Mresse: **Information Retrieval — Eine Einführung**
280 Seiten. Kart. DM 38,—

Müller: **Entscheidungsunterstützende Endbenutzersysteme**
253 Seiten. Kart. DM 32,—

Mußtopf / Winter: **Mikroprozessor-Systeme**
302 Seiten. Kart. DM 34,—

Nebel: **CAD-Entwurfskontrolle in der Mikroelektronik**
211 Seiten. Kart. DM 34,—

Retti et al.: **Artificial Intelligence — Eine Einführung**
2. Aufl. X, 228 Seiten. Kart. DM 36,—

Schicker: **Datenübertragung und Rechnernetze**
3. Aufl. 299 Seiten. Kart. DM 42,—

Schmidt et al.: **Digitalschaltungen mit Mikroprozessoren**
2. Aufl. 208 Seiten. Kart. DM 28,80

Leitfäden der angewandten Informatik

Fortsetzung

Schmidt et al.: **Mikroprogrammierbare Schnittstellen**
223 Seiten. Kart. DM 34,–

Schneider: **Problemorientierte Programmiersprachen**
226 Seiten. Kart. DM 28,80

Schreiner: **Systemprogrammierung in UNIX**
Teil 1: Werkzeuge. 315 Seiten. Kart. DM 52,–
Teil 2: Techniken. 408 Seiten. Kart. DM 58,–

Singer: **Programmieren in der Praxis**
2. Aufl. 176 Seiten. Kart. DM 32,–

Specht: **APL-Praxis**
192 Seiten. Kart. DM 26,80

Vetter: **Aufbau betrieblicher Informationssysteme
mittels konzeptioneller Datenmodellierung**
5. Aufl. 455 Seiten. Kart. DM 54,–

Vetter: **Strategie der Anwendungssoftware-Entwicklung**
400 Seiten. Kart. DM 52,–

Weck: **Datensicherheit**
326 Seiten. Geb. DM 44,–

Wingert: **Medizinische Informatik**
272 Seiten. Kart. DM 28,80

Wißkirchen et al.: **Informationstechnik und Bürosysteme**
255 Seiten. Kart. DM 32,–

Wolf/Unkelbach: **Informationsmanagement in Chemie und Pharma**
244 Seiten. Kart. DM 36,–

Zehnder: **Informatik-Projektentwicklung**
223 Seiten. Kart. DM 36,–

Zehnder: **Informationssysteme und Datenbanken**
5. Aufl. 276 Seiten. Kart. DM 38,–

Zöbel/Hogenkamp: **Konzepte der parallelen Programmierung**
235 Seiten. Kart. DM 36,–

Preisänderungen vorbehalten

 B. G. Teubner Stuttgart